高校数学教学发展与实践研究

徐文华　唐建民　张丽美　著

延吉·延边大学出版社

图书在版编目（CIP）数据

高校数学教学发展与实践研究 / 徐文华，唐建民，
张丽美著. -- 延吉 : 延边大学出版社，2024.5
ISBN 978-7-230-06628-0

Ⅰ．①高… Ⅱ．①徐… ②唐… ③张… Ⅲ．①高等数
学—教学研究—高等学校 Ⅳ．①O13-42

中国国家版本馆 CIP 数据核字(2024)第 111322 号

高校数学教学发展与实践研究

著　　者：徐文华　唐建民　张丽美
责任编辑：魏琳琳
封面设计：文合文化
出版发行：延边大学出版社
社　　址：吉林省延吉市公园路 977 号　　　邮　　编：133002
网　　址：http://www.ydcbs.com
E-mail：ydcbs@ydcbs.com
电　　话：0433-2732435　　　　　　传　　真：0433-2732434
发行电话：0433-2733056
印　　刷：廊坊市海涛印刷有限公司
开　　本：787 mm×1092 mm　1/16
印　　张：9.25　　　　　　　　　　字　　数：200 千字
版　　次：2024 年 5 月　第 1 版
印　　次：2024 年 6 月　第 1 次印刷
ISBN 978-7-230-06628-0

定　　价：68.00 元

前　　言

　　随着时代的发展，数学应用能力和数学创新能力越来越受到重视。数学教育是培养这些能力的重要渠道，培养能力也是数学教育的重要任务。高校数学教学对于培养和提高学生的思维素质、创新能力以及综合运用数学解决实际问题的能力具有非常重要的作用。

　　数学是高等教育的重要课程之一，它与社会生活密切相关，对促进社会发展起着十分重要的作用。随着社会信息化的发展，数学知识更加广泛地渗透到每一个学科中，有力地促进了边缘学科、冷门学科的跨学科发展。目前，随着教学改革的不断深化，高校教学质量越来越受到重视，因此广大教育工作者有必要以创新能力培养为基础，积极寻找既可以切实增强高校数学教学效果，又可以让高校人才培养质量得到提高的方法。

　　我国现行教育体系中从小学阶段到大学阶段，数学学科一直处于极为重要的地位。数学涉及日常生活的方方面面，与很多学科都紧密相连，高校数学的重要性更是不容忽视。然而，当前在一些高校中，仍存在着教学形式单一、课堂教学效率低下等问题，使得数学教学难以进一步发展。新课程理念对高校教师的数学教学提出了新的要求，也在一定程度上促使我国的数学教育迈向新的高度。对此，教师在教学过程中要正视数学教学改革中存在的问题，探究对应的解决方案，对教学方式和课堂内容进行全面且深入的研究，充分利用现代化资源和教学技术，在提高课堂教学效率的基础上推进高校数学教学的发展。

　　本书围绕当前高校数学教育改革的标准，结合时代发展的需要与社会对数学人才的需求，以高校数学教学发展与实践作为研究主题，探讨了高校数学教学发展过程中存在的问题，并提出相应的解决方案，旨在为高校数学教育者提供一定的帮助。

　　本书的一个显著特点是结合高校数学教学工作实践展开学术研究，这样做首先有利于高校教师保持工作热情，因为在工作中探求规律是每位教师的内在需求，把这种需求注入工作中就会产生极大的热情，并且能够长久保持。其次，有利于提升高校教师的工作品味，因为结合工作实践进行研究所取得的成果，最容易转化为工作效率，以研究成果为基础所进行的工作常具有较高的品味。最后，有利于使研究趋向务实。结合工作开展的研究，其研究的起点正是工作中的难点所在，研究材料从工作中得以积累，研究的动力就是解决现实工作中的问题，研究的成果即刻在实践中得到检验。

　　教育的探索是永恒的，教育的创新是无限的。探索和创新，一脉相承，自古有之，于今为烈。21 世纪的中国高等教育充满希望、机遇和挑战，它在经济社会发展中显示的基础性、先导性作用不可替代。在新课程改革的背景下，培养和提高学生的学习能力和综合素质是高校数学教学工作的一项重要目标，高校有必要进行数学教育思想和方式的改革，完善数学教育的考核和评价体系，提高数学教育的质量和效率。愿本书能够为高校数学教学的发展提供具有借鉴价值的观点。

王亚琴参与了本书的审稿工作。本书在撰写的过程中，参考和引用了一些学者关于高校数学教学的观点和相关资料，在此表示衷心的感谢。由于实践还在继续，理论还在发展，探索永无止境，加上笔者的理论水平和能力有限，所以本书难免存在疏漏和不足之处，恳请广大读者批评指正。

目　　录

第一章 高校数学教学概述

第一节 数学教学的概念

一、教学概述

（一）教学的概念

关于"教学"的概念，有人认为"教学就是传授知识、技能"，也有人认为"教学就是上课"，还有人认为"教学就是智育"。这些观点虽不无道理，但都没有揭示教学的科学内涵。

从第一种观点来看，传授知识、技能固然是教学的首要任务，但绝非教学的唯一任务。同时，教学是教师的"教"和学生的"学"的双边活动，而传授知识、技能只反映了"教"的活动，未能反映"学"的活动。

第二种观点根据教学的组织形式给教学下定义，但不完整。教学除了以课堂教学为主的基本组织形式，还有其他组织形式。因此，教学不能等同于上课。

第三种观点也不全面。"教学"与"智育"是既有区别又有联系的两个概念，教学是学校达到教育目的的基本途径，属于学校教育活动（工作）的范畴。教学与学校其他工作，如思想政治工作、体育卫生工作、后勤管理工作等并列。智育则是社会主义全面发展教育的组成部分，属于教育内容的范畴，与德育、体育、美育、劳动技术教育并列。

上述三种观点，实质上是把教学简单地等同于"教书"的传统教学观，这些理论是不完整的、模糊的，对教学实践和教学改革是一种极大的束缚。教学除了要完成智育的任务，还要完成其他教育任务。教学是全面发展教育的具体实施方式或途径。智育除了以教学作为主要途径，还有其他途径，如课外教育活动、社会实践等。因此，智育和教学并非对等、同一的关系，二者是部分交叉的关系。

教学的科学含义应当是：教师指导学生积极、主动地学习系统的科学文化和知识技能，发展智力和体力，培养能力，形成良好的思想品德和审美情趣，是一种最基本的学校教育活动。也就是说，教学是在教师引导和学生参与下的"教"与"学"的统一的活动，其目的是使学生掌握一定的知识技能，并获得身心各方面的全面发展。由此可见，教学不仅仅是教书，更是一种通过教书达到育人目的的教育活动。

"教学"与"教育"这两个概念之间也是既有联系又有区别的，是部分与整体的关系，教学包含在教育之内，是学校进行教育的一条基本途径。

（二）教学的特点

教学是学校全面发展教育的基本途径，是教师"教"、学生"学"两方面的统一。教学的特点主要有以下几点：

第一，教学以培养全面发展的人为根本目的，通过系统知识技能的传授和掌握，促进学生的身心发展。

第二，教学由"教"与"学"两方面组成，是师生双方的共同活动，教学双方在活动中相互作用，教师的"教"服务于学生的"学"，学生的"学"在教师的指导下进行。

第三，教学具有多种形态，是共性与多样性的统一。教学具有课内、课外、班级、小组和个别化等多种形态，教师和学生共同进行的课前准备、上课、作业练习和辅导评定等都属于教学活动。

第四，学生的认识活动是教学的重要组成部分。

（三）教学的意义

教学是贯彻教育方针、全面发展教育、达到教育目的的基本途径。教学工作的具体意义如下：

第一，教学是传播系统知识、促进学生发展的有效形式，是社会经验的再生产和再适应，是促进社会发展的有力手段。

第二，教学是全面发展教育、实现培养目标的基本途径，为个人全面发展提供科学的基础和实践，是培养学生个性和全面发展的重要环节。

第三，教学是学校教育的中心工作，学校教育工作必须遵循"教学为主，全面安排"

的原则，必须坚持教学的主体地位。

二、数学教学概述

（一）数学教学的基本概念

从"教学"这个词的语义进行分析，数学教学是数学活动的教学，在这个活动中，学生能够掌握一定的数学知识，学习一定的数学技能，感受数学的思想方法，发展良好的思维能力，获得积极的情感体验，形成良好的思想品质。

人们对数学教学的认识是在不断深入和发展的，这些认识要符合数学教学的规律。例如，强调师生双边活动，强调师生在数学教学活动中共同发展，强调数学教学不仅要传授数学知识，还应该提高学生对数学及其价值的认识，关注情感因素在数学教学活动中的作用，全面认识教师在数学教学活动中的角色。

苏联数学教育家斯托利亚尔在其著作《数学教育学》中指出，数学教学是数学活动的教学（思维活动的教学）。斯托利亚尔认为，数学教学既可理解为思维活动的结果，又可理解为思维活动的过程。现代教育理论从培养人才的需要出发，越来越强调教学的过程，即思维的过程；越来越强调培养学生的能力，特别是培养思维能力。为了让学生较好地理解与掌握数学的思想方法，教师应精心设计课堂教学过程，展示数学思维过程，帮助学生了解数学思想方法的产生、应用和发展过程，理解数学思想方法的特征和应用条件，并掌握数学思想方法的实质。

（二）数学教学的特点

1.突出知识性的具体目标

（1）教学大纲、课程标准对知识提出具体的目标要求

在过去，我国对数学教学起指导作用的纲要，被称为教学大纲（以下简称大纲）。目前，已将教学大纲改称为课程标准（以下简称课标）。无论大纲还是课标，都对数学知识的掌握提出了明确要求，并突出具体的目标描述。大纲不仅明确了总体教学目的，而且分章节详细罗列了具体的教学内容和教学要求。课标对数学课程目标从横向和纵向两方面进行了陈述，横向的课程目标包括知识与技能目标、数学思考目标、解决问题目标、情感与态度目标，纵向的课程目标则是根据上述四个横向目标提出的分学段目标。

（2）教学过程中对教学目标进行细化

为了使大纲、课标提出的目标在教学中落到实处，各级教研部门用带有具体特征的各种行为动词对目标的具体含义进行详细的描述，从而使目标要求的实现具有可操作性。

（3）每章、每单元和每节课都有细致的目标

我国在落实教学目标上对基础知识和基础技能采取了强有力的措施。教学目标细化到每章、每单元、每节课，教师严格按照这些层次的目标实施教学，而且为了完成教学目标，教师需要对课堂教学的各个环节设计切实可行的步骤，并按照步骤进行授课。这些做法与本杰明·布鲁姆的目标教学（认知、能力、情感）在形式上有某种联系，可以作为上述方法的理论支撑。课堂教学中对各个目标的落实，还体现在教学的例题和练习题中，用"模仿性练习题""干扰模仿性练习题""选择运用性练习题""选择组合性练习题""综合运用性练习题"等体现不同目标层次的数学习题的训练，以确保各个目标的要求能够落到实处。这些细致的目标实质上以知识、技能为主，而教学成效的检测最终仍以考试成绩来评价，虽然也兼顾能力目标，但实际是辅而不为，在很大程度上目标的细化还是应试的产物。

（4）忽视育人的大目标

国外的数学教育更看重育人的大目标。相比较而言，我国的部分大纲、课标虽然也重视育人的大目标，但仅仅在前言部分进行简短的描述，而在教学实践中，把大部分精力集中于具体的知识和技能目标，对数学教育给予人的思想启迪、精神感悟、人格塑造等发展大目标关注甚微，具体目标与人的发展的大目标之间的联系基本处于割裂状态。另外，我国的部分数学教学目标主要局限于数学学科知识的内部，范围比较狭窄；而西方数学教育教学的目标则对与数学有联系的数学学科的外部范畴有更多的关注，范围比较宽泛。

2.长于由"旧知"引出"新知"

（1）由"旧知"引出"新知"是我国数学教学的主要方法

在我国的数学课堂教学中，绝大多数新知识是由旧知识引入的，这基本符合人的认识规律，也与现代认知主义理论、建构主义思想一致。课堂教学多以复习和提问的形式开始，教师设计一系列问题，在学生对与新知识相关的已知内容的"温故"中，让新知识的内容意义逐渐露出端倪，自然而然地"流淌"出来。由"旧知"引出"新知"可能导致两种教学形态：

第一，使学生在旧知识中产生困惑或新的思考，形成和激发认识新知识、发现新知识、获取新知识的欲望和行动，进而经历知识发生、发展的过程。这无疑是课堂教学应该追求的理想的教学形态。

第二，淡化从旧知识到新知识的发生和发展过程，有时甚至会直接把新知识告诉学生，只要学生"会用"就行了。这就很容易造成学生被动接受，成为接受知识的容器，课堂教学中应该竭力避免此种教学形态。

（2）需要适当加强由"实际问题"引入"新知"的方法

西方数学教学比较注重数学新知识与现实生活及其他学科间的联系，并且力求体现在教材编写上，使数学的有关内容与多门学科及社会活动建立联系，其中包括科学、艺术、地理、气象、健康、消费和生活常识等。由"实际问题"引入"新知"，本质上也是由已知引出未知，但其中不仅包括已知知识，还带有实际情景材料的介入和已有的生活经验、实践经验、元认知感悟。这样，"新知"的引出既来自数学知识内部，又来自数学知识的外部，大大拓宽了"以旧引新"的意义，从而扩大了"新知"与已知知识、经验联系的范围，更容易建构起新旧意义的联系。因此，数学教学需要重视由"实际问题"引入"新知"方面的教学。

3.注重新知识内部的深入理解

（1）新知识建立后，还要进一步辨析和深层次理解新知识

在新知识的意义建立起来后，通常还要对新知识进行深入的意义辨析，以达到对新知识的深层次理解。采用的方法主要有两种：第一，对新概念或新命题中的关键性语句进行咬文嚼字的分析，特别是对关键词的理解；第二，利用变式教学（辨析题、变式题）深入认识新知识的本质属性，概括出新知识的要义或重点，梳理新旧知识间的联系，在辨析中加强理解。

（2）需要重视新知识与现实生活的联系

从对知识内在意义的联系中获得的认识，在认识水平上很可能低于从数学与现实联系中获得的认识。新知识与实际问题的联系，具有与实际情景密切相关的真实性、多变性、广泛性和复杂性等特点，这对提高认识能力有着非常积极的意义。因此，数学教育需要更加重视解决与生活相联系的数学问题的能力，强调数学的价值和作用。数学教材中，可以联系现实生活中的实际问题，设置富有挑战性的设计题作业，以此培养学生的综合能力。

4.重视解题、关注方法和技巧

（1）重视解题是我国数学教学的重要特点

我国的数学教学十分重视解题。解题必须以概念和定理为依据，因而是对概念、定理的再学习。强调解题有利于熟练掌握解题的基本方法，有利于夯实基础。我国还非常重视解题思路的探求，注重一题多解、一法多用，这些对学生思维的培养和发展也有一定的积极意义。

（2）需要重视源于数学外部的非常规题的解决

数学教育强调数学与生活，以及数学与其他学科的联系，数学教材也介绍了数学在实际生活中的应用实例，向学生展示了数学是如何在多种学科中发挥作用的。在问题的设计上，鼓励学生走向社会，亲自收集信息，甄别并筛选信息，分析处理信息，最后归纳总结。在这种非常规题的解决过程中，能够获得研究精神和一般科学方法——大观念、大方法，而解常规题则拘泥于具体操作和具体技巧。因此，在注重小方法的同时，还需要重视发展大方法，逐步实现向育人大目标的转变。

5.重视巩固、训练和记忆

（1）及时巩固、强化练习是我国数学教学的重要特点

在我国的数学课堂中，教师每堂课都会布置课内练习及课后作业，每单元还会安排小考，并且时常配合周考、月考，每个学期还有期中考试和期末考试。虽然巩固、强化练习能够帮助学生更加牢固地掌握每堂课所学的数学知识，但练习题、作业及考试等的"度"很难把握。作业、考试过多或题目难度较大，会加重学生的负担，挫伤学生的自信心；反之，则起不到巩固学习知识的作用。

（2）我国数学教学强调记忆有法

常用的记忆方法有意义记忆、口诀记忆、图表记忆、对比记忆和联想记忆等。这些记忆的方法很多属于意义记忆的范畴，是学生牢固掌握知识的有力措施和有效方法，但是难在适度。过分强调记忆，即使强调意义记忆，也很容易异化为机械记忆、方法模仿或僵化操作，还会加重学生的学习负担。

（三）数学教学的意义

数学教学的意义在于教的过程性和创造性。教师是知识的传播者，学生是知识的接受者，传播者和接受者之间是双向促进的，教师通过自己丰富的学识和教学经验来引导学生理解、掌握知识，学生根据所学知识对教师的教学进行反馈。

数学教学是师生共同发展的一个过程，需要师生双方共同进步。教师在教学过程中努力促进学生的发展，做到因材施教；学生学习、掌握教师传授的知识，并及时反馈。同时，教师在教学过程中还需要不断提升自己的教学思维，与学生共同进步，这才是数学教学的意义所在。

第二节 高校数学教学的特点、作用及原则

一、高校数学教学的特点

（一）高校数学教学的抽象性

随着我国经济的高速发展，数学专业逐步得到重视，我国各个行业对数学人才的需求日益强烈。但是，数学教学中存在的种种问题对其整体发展起到了严重的制约作用。可以说，应用数学的抽象性能够对事物的发展具有一定的推动作用。就目前的教学水平来说，这种作用显然还发挥得不够充分。

数学科学的高度抽象性，决定了数学教育应该把发展学生的抽象思维能力作为目标。从具体事物中抽象出数量关系和空间形式，通过把实际问题转化为数学问题的科学抽象过程，可以培养学生的抽象思维能力。

（二）高校数学教学的严密性

严密性是高校数学教学的重要特点，也是对教学活动的重要要求。观察和实验并不能作为论据的来源，只有经过严密的逻辑推理，才能够被认为是结论的依据。同理，数学教学过程中，需要严密控制教学语言的应用，尤其是教学活动中对不同定理、定论的阐述，需要进行严谨的判定。教师的任何失误，都会对实际教学效果产生极大的影响，会使学生对数学的认识产生非常大的变化。而这种变化一旦发生，在短时间内是无法改变的。

高校数学的严密性是数学的重要特点，广泛应用于数学的各个领域，而这种应用并不仅仅是对高校数学教学的要求，也是对整体推导过程的要求。这就要求高校数学教师在课堂教学过程中，必须重视引导学生通过数学结论的学习，对结论的整体推导过程有一个明确的认识，让学生明确地掌握数学结论的证明过程。因此，教师在日常授课过程中，应该重视培养学生的学习能力，使学生养成良好的数学学习习惯。同时，在课堂教学内容的选择上，教师还应该对结论的推导做出有效指导，帮助学生更好地掌握数学这门学科。

（三）高校数学应用的广泛性

数学模型的应用对数学学科来说是非常重要的，需要任课教师重视对这种问题的讲解，通过对不同问题提供不同的分析理念培养学生的实践动手能力。应该看到，数学的实际应用过程并不仅仅是一种工具、一种语言，更是一种严密的思维方式。教师在引导学生的学习过程中，必须重视这一问题。

1.数学应用具有普遍性

数量关系和空间关系是普遍存在的。从理论上来说，在宇宙中，这种联系都是不可分割的。在日常生活、工作、生产劳动及科学研究中，数量关系和空间形式方面的问题是普遍存在的，数学应用具有普遍性。教师应该重点分析实际生活中存在的问题，培养学生的自主探究能力，为社会的发展提供必要的人才支持。

2.数学教学应培养学生应用数学的意识和能力

高校数学教学重在让学生了解数学在某些领域中的应用，认识数学学习的价值，从而重视数学学习。高校数学教学是为了让学生有较宽广的数学视野，不应以在实际中是否有用为标准决定教学内容的取舍，也不应该要求学生在习得的数学知识并不多的时候就去考虑过量的应用问题。

3.数学具有广泛应用性

数学广泛应用于社会各个领域。因此，教师在设计数学课程的过程中，需要重视数学应用的广泛性特征，从这一特征出发，重点培养学生的数学思维能力，引导学生用数学思维解决生活中的实际问题。当然，现阶段的数学教学同样需要培养学生的基本数学能力。学生只有打下良好的数学基础，才能满足日后的实际数学知识需求。可以说，理工科学生在学习数学的过程中，不应该仅关注热点问题，还应该重视基础数学知识的学习。

二、高校数学教学的作用

（一）推动学生的进一步发展

高校数学教学不是基础教育，是进一步提高文化科学素质的数学教育。首先，接受高校数学教学，学生可以获得更高的数学素养，以适应现代生活。其次，高校数学教学可以更好地改善学生的数学思维和价值观。数学是锻炼思维的"体操"，学生通过学习高校数学课程，可以建立和掌握重要的数学思想和方法，在形象思维、直觉思维、逻辑思维等方面得到提高，有利于利用数学思维认识问题、分析问题和解决问题。同时，在接受高校数学教育过程中，通过解决更加具有挑战性和丰富情境的数学问题，学生可以进一步提高辩证唯物主义认识能力，进一步培养实事求是、严谨认真、团结合作、质疑创新等良好的个人品质。另外，高校数学教学有利于提高学生的交流能力。高校数学课程进一步丰富了学生的数学语言，更有利于学生形成数学地思考、数学地交流、数学地做事。最后，高校数学是学习其他科学的基础和升学深造的基础，无论是学习其他课程，还是接受继续教育，大多数学科都离不开数学。因此，高校数学教学是承上启下的数学教学，是促进学生全面发展的数学教学。

（二）高校数学教学对学生思维能力的培养

在传统教育影响下，数学教学总是强调知识的传授，认为数学思维能力等同于解题能力，这种思想导致绝大多数学生数学思维能力不足。虽然能够听懂课上讲授的知识点，但无法从容地利用数学思维解决数学问题及与之相关的现实问题。

高校数学教学本质上是思维能力的教学，即学生在教师的指导下，学习数学思维，发展数学思维和智力。思维的过程直接决定着学生能否顺利解答数学问题。正因如此，在解决具体问题时，学生的思维过程或解题方法存在个体差异，从而导致不同的学生采取不同的方法解答问题，有些学生甚至不会利用数学思维及方法解答问题。

培养学生的创新思维能力有助于提高数学学习效果。如果学生不断锻炼创新思维能力，将会养成运用创新思维思考问题的习惯，更易于学习更深层次的数学知识。

（三）高校数学教学的育人作用

专业知识在课堂教学中是很重要的，但在强调专业知识的同时，不能忽视德育的教育作用。教师的职责是通过专业知识的教学从侧面揭示现实世界，反映人类文明，本身属于教育的范畴。数学教师要做到既教书又育德，就需要以真育人、以情感人、以德服人。数学课通常比较抽象、枯燥，如果只是单纯灌输知识，学生既不能充分消化知识，更无法熟练应用数学知识解决实际问题。教师可借助德育，适当开发学生的情感资源，让数学课变得生动活泼，如一个同类问题的联想，一个恰当的比喻，一个智慧的幽默，一个生动的玩笑等。数学文化与数学人文精神折射出的情感力量对数学教学具有一定的积极意义，实践证明学生较喜欢听这样的数学课，且容易"亲其师""信其道"，在完成教学任务的同时，又能使师生感情更融洽。

三、高校数学教学的原则

在如今科学技术迅猛发展的时代，信息的数字化和信息的数学处理已经成为大多数高科技项目共同的核心技术。从设计、制定方案，到试验探索、不断改进，再到指挥控制、具体操作，处处需要数学技术。因此，加强高校数学教学势在必行。高校数学教学的原则如下：

（一）构建共同基础，提供发展平台

高校数学课程应具有基础性，它包括两方面的含义：

第一，为学生适应现代生活和未来发展提供更高水平的数学基础，使其获得更高的数学素养。

第二，为学生进一步学习提供必要的数学准备。

高校数学课程由必修系列课程和选修系列课程组成。必修系列课程是为了满足所有学生的共同数学需求，选修系列课程是为了满足学生的不同数学需求，是学生发展所需要的基础性数学课程。

（二）提供多样课程，适应个性选择

高校数学课程应具有多样性与选择性，使不同的学生在数学上得到不同的发展。高校数学课程应为学生提供选择和发展的空间，为学生提供多层次、多种类的选择，以促进学生的个性发展和对未来人生规划的思考。学生可以在教师的指导下进行自主选择，必要时还可以进行适当的转换、调整。同时，高校数学课程的设置应给学校和教师留有一定的选择空间，可以根据学生的基本需求和自身的条件，制订课程发展计划，不断地丰富和完善可供学生选择的课程。

（三）倡导积极主动、勇于探索的学习方式

学生的数学学习活动不应只限于接受、记忆、模仿和练习，高校数学课程还应倡导自主探索、动手实践、合作交流和阅读自学等学习数学的方式。这些方式有助于发挥学生学习的主动性，在教师的引导下，使学生的学习过程成为"再创造"过程。同时，高校数学课程设立"数学探究""数学建模"等学习活动，为学生形成积极主动、多样的学习方式进一步创造有利条件，以激发学生的数学学习兴趣，鼓励学生在学习过程中养成独立思考、积极探索的习惯。

（四）注重提高学生的数学思维能力

高校数学课程应注意提高学生的数学思维能力，这是数学教育的基本目标之一。人们在学习数学和运用数学解决问题时，不断经历直观感知、观察发现、归纳类比、空间想象、抽象概括、符号表示、运算求解、数据处理、演绎证明、反思与建构等思维过程。这些过程是数学思维能力的具体体现，有助于学生对客观事物中蕴含的数学模式进行思考，做出判断。数学思维能力在形成理性思维中发挥着独特的作用。

（五）发展学生的数学应用意识

20世纪下半叶以来，数学应用的巨大发展是数学发展的显著特征之一。在当今知识经济时代，数学正在从幕后走向台前，数学和计算机技术的结合使得数学能够在许多方面直接为社会创造价值，也为数学发展开拓了广阔的前景。我国的数学教育在很长一段时间内未能对数学与实际、数学与其他学科的联系给予充分的重视。因此，高校数学在数学应用和联系实际方面需要大力加强。近几年来，我国高校对数学建模的实践表明，开展数学应用的教学活动符合社会需要，有利于激发学生学习数学的兴趣，增强学生的应用意识，拓宽学生的视野。

高校数学课程应提供基本内容的实际背景，反映数学的应用价值，开展"数学建模"的学习活动，设立体现数学某些重要应用的专题课程。高校数学课程应使学生体验数学在解决实际问题中的作用、数学与日常生活及其他学科的联系，促进学生逐步形成和发

展数学应用意识，提高实践能力。

（六）强调本质，注意适度形式化

形式化是数学的基本特征之一。在数学教学中，学习形式化的表达是一项基本要求，但是不能只限于形式化的表达，要强调对数学本质的认识，否则生动活泼的数学思维活动会被淹没在形式化的海洋里。数学的现代发展表明，全盘形式化是不可能的。因此，高校数学课程应该返璞归真，努力揭示数学概念、法则、结论的发展过程和本质。数学课程要讲逻辑推理，更要讲道理，通过典型例子的分析和学生自主探索活动，使学生理解数学概念、结论逐步形成的过程，体会其中蕴含的思想方法，追寻数学发展的历史足迹，把数学的学术形态转化为学生易于接受的教育形态。

（七）体现数学的文化价值

数学是人类文化的重要组成部分。数学课程应适当反映数学的历史、应用和发展趋势。数学对推动社会发展的作用主要表现在以下几个方面：第一，数学的社会需求；第二，社会发展对数学发展的推动作用；第三，数学科学的思想体系；第四，数学的美学价值；第五，数学家的创新精神。数学课程应帮助学生了解数学在人类文明发展中的作用，逐步形成正确的数学观。为此，高校数学课程提倡体现数学的文化价值，并在适当的内容中提出对"数学文化"的学习要求，设立"数学史选讲"等专题。

（八）注重信息技术与数学课程的整合

现代信息技术的广泛应用对数学课程内容、数学教学、数学学习等方面产生了深刻的影响。高校数学课程应提倡实现信息技术与课程内容的有机整合，如把算法融入数学课程的各个相关部分。整合的基本原则是有利于学生认识数学的本质。高校数学课程应提倡利用信息技术来呈现以往教学中难以呈现的课程内容，尽可能使用科学型计算器、各种数学教育技术平台，加强数学教学与信息技术的结合。

（九）建立合理、科学的评价体系

现代社会对人的发展的要求能够引起评价体系的深刻变化，高校数学课程应建立合理、科学的评价体系，包括评价理念、评价内容、评价形式和评价体制等方面。评价既要关注学生数学学习的结果，也要关注他们数学学习的过程；既要关注学生数学学习的水平，也要关注他们在数学活动中所表现出来的情感态度的变化。在数学教育中，评价应建立多元化的目标，关注学生个性与潜能的发展。例如，过程性评价应关注对学生理解数学概念、数学思想等过程的评价，关注学生提出、分析、解决数学问题等过程的评价，以及在过程中表现出来的与人合作的态度、表达与交流的意识和探索的精神。对于数学探究、数学建模等学习活动，要建立相应的过程评价内容和方法。

第三节 培养学生数学核心素养的策略

现代教育模式与传统教育模式存在较大的差异。随着科学技术的不断进步，现代教学技术不断融入日常教育模式，教育模式也从过去的传统教育模式向今天的科技教育模式转变。现代教育模式更加注重培养学生的核心素养，如果教育不能跟上时代的发展，很有可能造成教育事业的滑坡。在现代教育模式下，为了提高学生的核心素养，可以采取以下策略：

一、数学核心素养培养存在的问题

（一）部分教师对核心素养的认识不充分

2016 年 9 月，中国学生发展核心素养研究成果发布，并指出中国学生发展核心素养以培养"全面发展的人"为核心。但部分教师对核心素养或者新课程改革的认识不足，没有对学生各个阶段的学习进行很好的规划，只是在原有教学经验上进行了小幅度调整，但本质上没有变化，其教学、管理方法，均不利于学生核心素养的培养和综合素质的提高。

（二）学科体系与核心素养的融合度不高

在传统数学教学中，"填鸭式"教学方法占据绝对优势，对学生创造力的开发关注较少。新课改后，在很多地区的课堂教学实践中，被动式教学仍占据主要位置，真正被数学课吸引而喜欢上数学的学生寥寥无几。学生对数学学习整体兴趣不高，无法感受数学的趣味性，自然很难从数学中培养核心素养。

（三）数学表达能力较弱

对于数学教学而言，部分教师关注的是学生能否把题目解答出来，结果是否算对了，并不是特别看重学生是否形成数学思维。和其他学科相比，数学在语言表达方面的要求相对较低，大部分学生可以利用公式、概念来解决数学问题，却难以用有效的数学语言来表述思想。数学教学要提高学生的逻辑思维能力，一定要重视数学语言的教学，要以"说"促"思"。

二、培养学生数学核心素养的方法

在学习数学的过程中，想要为整个数学学科的学习打下坚实基础，则必须培养学生的数学核心素养。培养学生的数学核心素养能够有效提升学生的综合学习能力与学习效率，这也是在数学课堂中培养学生核心素养的重要价值所在。因此，教师要采取合适的方法提高学生的数学核心素养。

（一）把现代化技术融入教育

在信息化、全球化不断发展的今天，教育技术的现代化显得尤为重要。把现代技术融入教育是实现教育现代化的重要手段。

教育技术的现代化给学校教育带来了巨大的变化，深刻影响了教学方法、教育理念。信息化学习环境为学生获取知识提供了方便快捷的工具，极大地丰富了学生的知识来源。现代教学技术的应用，突破了教学手段在教学模式和时空上的限制，突破了传统文字教材内容单一、更新延后等缺点，以图、文、声、像等多种形式，生动形象地呈现了教学内容，并提供了在线讨论、答疑等交流渠道。

随着网络技术、人工智能、大数据技术、虚拟现实技术等的飞速发展及广泛应用，现代教育技术已经不单纯是教育教学过程中知识与技能的演示手段。

它吸收了现代信息科学与技术、教育传播学、现代教育教学理念，成为一个复杂的领域。

值得注意的是，教育技术的现代化需要学校具备较为先进的技术设备并能根据时代的需要不断更新，这不仅需要学校主动投入，更需要上级教育主管部门的支持。

作为学校教育现代化的硬件支撑条件，教育技术的现代化需要学校具备较为先进的技术设备，并能随时代的需要不断更新。而作为学校教育现代化的软件支撑条件，教育技术的现代化需要学校教师群体具备一定的信息化素质。总之，教育技术在推动教育现代化的进程中起到了关键性的作用。

（二）充分发挥学生的自主性

教师要有意引导学生主动发现问题、尝试解决问题，这有助于培养学生的核心素养。在学生提出问题时，无论问题是否具有解答和思考的价值，是否具有一定的探索性，教师都必须在教学过程中给予学生肯定，并进行正确的引导。

通过这种肯定和引导，对学生思考和提问的行为进行鼓励，逐步提高学生思考问题、提出问题、解决问题的能力，把课堂的主动权交到学生手上，充分发挥学生的自主性。

教师尤其要重视培养学生独立思考的能力。在数学教学中，学生对定理和公式的认识是在猜想到验证的过程中建立起来的。教师要鼓励学生独立思考，大胆地提出自己的假设，并进行论证。当学生在思考和探索问题的时候，教师应该给予学生支持与引导。这样既能锻炼学生的思维能力，培养学生的核心素养，又能使学生在不断发现问题、解决问题的过程中成长。

（三）兼顾知识取向和文化取向

教学设计的价值取向有两个方面：一是知识取向；二是文化取向。知识取向以知识为中心，以教材为中心，关注的是教什么，怎么教。教师的职责是传递知识，学生的任务是最大限度地获得知识。文化取向的教学设计是以学生为中心，关注包括知识在内的整个文化，以培养学生的核心素养为目标。教师在进行教学设计时，应兼顾知识取向与文化取向。

（四）注重培养学生的数学思维

数学是思维的体操，思维是数学的灵魂。没有思维，数学就失去了生命。提升学生的数学能力，需要以数学思维为基础，而落实数学核心素养，也需要数学思维作保障。

此外，教师可以通过问题设计来培养学生的数学思维，所设计的问题既要着眼于新旧知识连接点，也要关注新知识的延伸点，要具有启发性、引导性。

教师要以知识为载体，在细微中培养学生思维的深刻性，引导和鼓励学生主动思考。

（五）注重数学方法的渗透

数学本身蕴含着丰富的数学思想。无论是探索科学，还是发展经济，所需人才不仅应具备一定的数学知识，还要具有数学思想方法。数学思想方法是数学的精髓，是知识转化为能力的纽带。

对于学生而言，数学能力很大程度上体现在解题能力上，而解题的关键在于找到合适的解题思路。掌握了数学思想方法，学生就能相对容易地找到解题思路，提高学习效率。数学思想方法与数学素养关系密切，掌握了数学思想方法的学生，其数学素养也相对较高，而数学素养较高的学生更善于分析、综合比较、概括判断、推理论证、归纳总结。在数学教学过程中，教师要有意识地渗透数学思想方法，如在例题讲解的过程中揭示数学思想方法，在知识的总结归纳过程中概括数学思想方法等。总之，教师需要引导学生学会用数学思想方法去解决、思考实际问题，从而锻炼学生的创新思维。

（六）注重数学语言的培养

语言是思维的载体，思维需要用语言或文字表述。数学语言是进行数学思维和数学交流的工具。数学语言水平的高低，在一定程度上影响着数学思维的发展。因此，在数学教学过程中，教师要充分认识到数学语言对思维活动的影响，注重数学语言教学，培养学生用数学语言进行思维的习惯，发展学生的思维能力。

教师可以从以下两方面培养学生的数学语言：

第一，规范书写，正确表达。如果教师对数学概念、术语理解不深刻，语言表达不准确、不规范，书写格式不规范，出错题、解错题，甚至出现知识性错误等，会对学生产生难以估量的影响。因此，教师在课堂教学中要做到语言规范、言必有序、言必有理、言必有据。所有言语要合乎语法与逻辑，概念解释要准确到位，推理分析要条理清楚、层次分明。

第二，鼓励交流。在课堂教学中，教师要尽可能让学生多说，可以组织小组讨论、集体讨论、自由讨论、质疑问难、全班评议等。通过交流，训练学生的数学语言，培养学生的数学思维。

（七）关注核心素养的教学考查

作业和考试是教学评价的基本形式，尤其在考试中，试题设计者要遵循课程标准，准确地反映该学科对学生知识、技能的要求，关注核心素养的考查。

第二章 数字化技术对高校数学教学产生的影响

第一节 数字化技术的产生与发展

数字化技术的产生与发展是现代科技领域的一大里程碑。本节分层论述了数字化技术的演进过程，从其初期阶段到现代应用的广泛领域，逐步呈现数字化技术的发展历程。

一、早期计算机时代

早期计算机采用的是机械和电子的结合，如差分机、分析机等。这些机械设备利用齿轮、滑杆等物理结构进行计算，但在运算速度和复杂性上存在局限性。这一阶段的计算机主要用于简单的计算和数据处理，如解方程、编制统计表等。虽然早期计算机的功能有限，但在科研、商业和军事等领域起到了积极的作用。早期计算机通常是巨大而笨重的机器，需要占据大量的空间，其操作需要专业人员进行，并且对环境条件有一定的要求，这使计算机在使用上相对受限。尽管早期计算机在计算速度和存储能力上存在局限性，但其为数字化技术的发展奠定了基础。早期计算机逐渐实现了自动化的数据处理和计算功能，标志着计算机从传统机械驱动向电子化和逻辑化方向的突破，为后续计算机科技的发展奠定了坚实的基础。

二、电子管与集成电路的应用

在电子管与集成电路的应用阶段，数字化技术经历了一系列重要的发展阶段，对计算机的性能和应用领域产生了深远的影响。以下是与数字化技术发展相关的五个关键时期：

（一）电子管的应用

电子管的应用使计算机变得更加小型化和高效化。相比于机械结构，电子管具有更快的开关速度和更小的体积，大大提高了计算机的性能。电子管的使用显著提升了计算机的运算速度，并加快了数据处理和计算的速度。

（二）晶体管的崛起

随着电子技术的发展，晶体管逐渐取代了电子管。晶体管更加稳定、可靠、小巧、轻便，有助于进一步缩小计算机的体积。晶体管的广泛应用及集成电路概念的引入，进一步提升了计算机的集成度和性能。

（三）商业和科研领域的拓展

数字化技术逐渐走向商业领域，开始应用于商业计算、财务管理等方面。企业可以利用计算机进行更快速、更准确的数据处理和分析。在科研领域，计算机的高效计算能力为科学家提供了更强大的工具，用于解决复杂的科学和工程问题。

（四）数据存储与处理的进步

随着电子技术的进步，磁带和磁盘等新型存储技术应运而生，大大提升了数据存储的容量和速度。在这一时期，高级编程语言的发展使程序设计变得更加简便，为计算机的广泛应用提供了可能性。

（五）数字化技术的商业应用

商业计算机成为数字化技术的一部分，为企业提供了强大的计算能力，促进了商业自动化和信息管理的发展。这一时期的电子管与集成电路的应用，推动了数字化技术在科研领域的发展，同时也使数字化技术渗透到商业和日常生活中，为数字时代的到来奠定了基础。

三、微处理器的崛起

20 世纪 70 年代，微处理器的发明推动了数字化技术的快速发展。微处理器是一种由数百万个晶体管等元件组成的集成电路，它将中央处理单元（transcurium element，简称 CPU）、内存和输入输出设备等核心功能集成到一个芯片上。微处理器的出现实现了计算机核心的微型化，使计算机变得更加小巧、便携。

微处理器的出现使计算机迅速普及，个人计算机开始进入市场，数字化技术渗透到日常生活和工作中，人们可以在家或办公室中轻松使用计算机处理日常工作。计算机不再局限于大型科研机构和企业，而成为人们生活的一部分。随着个人计算机的兴起，操作系统为计算机的管理和应用软件的运行提供了支持，成为重要的软件基础。图形用户界面的引入使计算机的操作更加直观、简便，促进了计算机的广泛使用。微处理器时代见证了信息存储技术的进步，软盘和硬盘等高容量存储设备应运而生，提高了数据存储的效率。

微处理器的普及促进了计算机网络技术的发展，局域网和互联网的建设促进了全球的互联互通，使信息传输变得更加便捷，并且促进了计算机制造商、软件公司等相关行业的蓬勃发展，形成了数字化技术的产业链。

这一时期，数字化技术不再局限于专业领域，而成为人们日常生活和工作中不可或缺的一部分。计算机技术的迅猛发展为信息时代的到来奠定了一定的基础。

四、互联网时代

互联网的普及使全球范围内的计算机能够相互连接，促进了信息的全球化，人们可以随时随地访问、分享和获取信息。互联网连接了个人、企业、政府和各种组织，大大提高了信息传递的便捷性，推动了各行各业的发展。移动通信技术的发展推动了智能手机的普及，人们可以通过手机随时随地接入互联网，进行通信、社交、工作等多种活动。移动应用的繁荣使各种服务和功能可以通过手机应用轻松实现，拓展了数字化技术的应用领域。云计算技术的兴起使计算机和存储资源可以通过互联网进行远程访问和共享，为个人和企业提供了更加灵活和高效的计算环境。大数据的概念和技术的发展使人们可以更好地收集、分析和利用海量的数据，为科研、商业和社会决策提供了更强大的支持。

互联网时代见证了社交媒体的崛起，人们可以通过社交媒体网络平台进行社交、信息分享和互动。互联网还催生了各种在线平台，为用户提供了多元化的服务和体验。物联网的发展使各种设备和物品可以通过互联网相互连接，实现信息的共享和智能化的管理。互联网时代推动了智能家居、智能城市等概念的发展，人们的生活环境变得更加智能化和便利。这一时期的互联网时代，数字化技术不仅改变了人们的生活方式，也深刻地影响了经济、文化和社会结构。互联网成为连接世界的纽带，为信息时代的全面来临奠定了基础。

五、大数据与人工智能

在大数据与人工智能时代，数字化技术迎来了更加深刻的变革，各行各业都面临着前所未有的机遇和挑战。人类社会产生和积累了巨大规模的数据，包括从社交媒体、传感器、在线交易等方面产生的海量数据。大数据技术的应用使组织和企业能够通过数据分析更好地理解趋势、预测未来，并做出更明智的决策。机器学习作为人工智能的一个分支，通过算法和模型的学习，使计算机能够从数据中获取知识和经验，从而实现智能化的任务执行。深度学习是机器学习的一种形式，通过多层神经网络进行学习，在图像识别、语音识别等领域获得了显著成果。

大数据与人工智能的结合推动了生产领域的自动化，其中就包括制造业中的智能工厂和自动化流程。各行业开始利用人工智能技术提供更加智能化的服务，如智能客服、智能医疗等。大数据分析使企业能够更好地理解用户的需求和喜好，为顾客提供个性化的产品和服务。在制造业中，大数据与人工智能的应用使生产能够更灵活地满足个性化需求。

但是，大数据应用涉及海量的数据收集、存储和分享，其中包含了大量的个人隐私信息，如果这些数据被泄露或滥用，将给个人和社会带来严重的损失。大数据与人工智能的兴起既为社会带来了前所未有的技术进步，也提出了一系列新的问题和挑战。这一时期，数字化技术进一步深化了人类与技术的关系，确立了未来的发展方向。

第二节 数字化技术在高校数学教学中的应用模式

在高校数学教学中，数字化技术的应用模式涵盖了多个方面，旨在提高教学效果、激发学生学习兴趣及促进交互和合作。以下是一些常见的数字化技术应用模式：

一、在线教学平台

（一）虚拟课堂

虚拟课堂是一种通过在线教学平台实现的远程教学模式，它融合了视频、音频、文字等多媒体元素，为学生提供了更加灵活和便捷的学习方式。以下是虚拟课堂的一些特点和优势：

1.特点

（1）远程学习

远程学习是一种通过互联网和数字化技术实现的教学模式，它允许学生在任何地点通过电子设备参与课程学习。学生可以根据自己的时间和地点选择参与课程，不再受制于传统教学的时间和地理限制。学生可以在全球范围内参与远程学习，无论身处何地，都能获得高质量的教育资源。远程学习通常采用视频、音频、图像等多媒体教学，能够为学生提供更生动、更直观的学习体验。学生可以根据自己的学习进度和兴趣进行学习，实现自主学习和自我管理。远程学习平台可以根据学生的学科水平和学习风格进行个性化设置，提供符合学生需求的学习路径。在突发事件、自然灾害或其他特殊情况下，远程学习可以确保学习不被中断，为学生持续提供学习机会。学生还可以共享来自世界各地的优质教育资源，与不同文化背景的学生互动，拓宽视野。另外，远程学习还可以为学生提供更多元化的学习方式，适应不同学生的学习风格，满足其个性化需求。学生可以通过在线平台即时获得技术支持和学术指导，提高学习效果。远程学习的兴起为教育领域带来了一场变革，使学习的方式变得更加灵活、开放，为学生提供了更广泛的学习机会。

（2）多媒体教学

多媒体教学是一种利用多种媒体手段进行教学的方法，它利用视频、音频、文字等多种媒体形式向学生传递信息，以提高教学效果和学生的学习体验。多媒体教学通过视觉和听觉的结合，使教学内容更具生动性和直观性，有助于促进学生对知识的深度理解。利用图像、动画等形象化的表达方式，更容易帮助学生理解抽象概念和复杂内容。多媒体教学平台通常具有互动功能，学生可以通过在线问答、投票等方式提出问题，并得到实时反馈。多媒体教学使教学更富有趣味性，能够激发学生的学习兴趣，提高学生的学习积极性。多媒体教学可以通过生动的表达方式，更好地传授知识，使学生更好地理解和吸收知识。

教师可以利用多媒体教学平台分享丰富的教学资源，促进教师间的经验交流和资源共享。通过多媒体教学，教育者能够更好地利用技术手段提升教学质量，创造更具互动性和吸引力的学习环境。

（3）实时互动

实时互动通过在线平台实现学生与教师之间的即时交流和互动。学生和教师能够实时收到对方的信息，做到快速反馈、快速回应。在虚拟课堂中，学生和教师可以通过在线聊天、提问、回答问题、投票等多种方式进行互动。教师可以通过实时互动，鼓励学生主动思考、参与讨论，提高学生对知识的理解和运用能力。还可以通过实时互动建立虚拟学习社群，在社群中，学生之间能够互相交流、分享经验、合作解决问题，形成良好的学术氛围，实现高效的团队协作。此外，实时互动还可以帮助教师更好地了解学生的学习情况，更有针对性地调整教学策略，提高教学效率。通过实时互动，虚拟课堂不仅能够弥补地理上的距离，还能够创造出具有高度互动性和参与性的学习环境，促进学生更主动地参与学习。

（4）资源共享

虚拟课堂的资源共享是通过在线平台提供各种学习资料和工具，使学生和教师能够方便地获取、分享和利用教学资源。在虚拟课堂的第一层，教师可以上传和分享课程相关的在线文档和教材。这些文档可以包括课件、教科书、参考资料等。学生可以随时在虚拟平台上访问这些文档，方便地查阅和学习，无须依赖传统的纸质教材。第二层资源共享包括多媒体资源，如教学视频、音频讲解等。这些资源通过虚拟平台上传和共享，学生可以通过观看视频、听音频等方式更生动地理解课程内容，提高学习效果。在虚拟课堂的第三层，教师可以提供在线习题和作业，学生可以在平台上完成并提交。这样的资源共享方式方便了学生对作业的获取、完成和反馈。

高等教育阶段，虚拟课堂的资源共享还包括学术文献、研究论文等高水平的资料，这有助于培养学生的独立研究和批判性思维能力。最高层次的资源共享是通过虚拟课堂平台建立在线讨论和学术社群。在这里，学生和教师可以分享各种学术资源、经验和见解，促进学科领域内的深入交流。学生可以通过虚拟课堂平台方便地获取各种学习资源，无须受制于传统教学的时间和地点。资源共享可以在实时互动的基础上，更及时地传递学术和教学资讯，保持信息的新鲜度。学生可以访问来自全球的高质量学术资源，拓宽视野，深化对学科的理解。资源共享可以满足不同学生的学习需求，提供个性化的学习体验。通过这样层次化的资源共享，虚拟课堂在教学过程中能够更好地满足学生和教师对丰富、多元的学习资源的需求，进而推动教育的数字化发展。

（5）录播功能

录播功能是虚拟课堂中一项重要的特点，它通过录制课程内容的视频或音频，使学生在课后能够方便地回顾和巩固学习成果。录播功能使得教学内容能够随时录制和播放，学生可以在自己方便的时间进行学习，无须拘泥于特定的上课时间。学生可以多次观看录播视频，更好地巩固课堂学习的知识。对于跨时区的学生或异地学习的学生群体，录播功能能够解决时差问题，使学习更具有弹性。学生可以根据自己的学习进度选择观看录播内容，实现更自主的学习方式。

学生通过回顾录播内容，能够巩固课堂学习的知识，提高学习效果。录播功能可以为学生提供复习备考的机会，这对于反复温习知识点尤为重要。学生可能由于其他事务或紧急情况错过了课程，录播功能能够弥补这些时间冲突。学生在落后学习进度时，可以通过观看录播视频追赶上课进度，保持学习的连贯性。录播功能支持学生根据自身学习需求和习惯进行个性化学习，为学生提供更加灵活、个性化的学习方式，使学生能够更好地掌握和应用所学知识，这也是数字化教育对传统教学模式的一种有益补充。

2.优势

（1）灵活性和便捷性

灵活性和便捷性共同为学生提供了更自由、更方便的学习体验。虚拟课堂的灵活性体现在学生可以根据自己的时间安排参与课程。这意味着学生无须受制于传统教室的上课时间表，可以根据自己的生活和学业选择最适合自己的学习时间。

虚拟课堂的便捷性主要表现在学生无须受到地理位置的限制。无论学生身在何处，只要有网络连接，就能够轻松地参与课程，能够在全球范围内参与学习。灵活性和便捷性的结合使学习更适应个体的需求和生活方式，为学生提供更自主、更舒适的学习环境。这也是数字化教育引入虚拟课堂的一个重要目标，通过技术手段打破时间和地域的束缚，让学习更贴近学生的实际情况。

（2）通过技术化手段，对学科学习进行个性化设置

虚拟课堂通过技术手段，可以根据学生的学科水平和学习兴趣进行个性化设置。系统能够根据学生的学科水平调整课程难易度，使之既不过于简单而导致学生失去兴趣，也不过于难而使学生产生挫折感。通过分析学生的学科偏好和学科选择，虚拟课堂能够提供更符合学生兴趣的学科内容，激发学生学习的主动性。学生可以根据自己的学科需求和职业目标选择学科方向，从而更有针对性地进行学科学习。

（3）资源共享帮助学生跨越地域障碍，实现共同学习

虚拟课堂的全球资源共享使学生可以跨越地域障碍，与来自不同地区的教师和学生共同学习。学生能够与来自不同文化背景的同学互动，拓宽视野，增加对多元文化的理解和尊重，并且可以接触全球一流的教育资源，享受来自不同地区专业教师的优质教学，提高学科水平。学生在虚拟课堂中有机会参与国际性的学术合作项目，提升国际化视野和合作能力，能够在更加开放、多元的学习环境中成长，这促进了全球范围内知识和资源的交流与共享。

（4）具有强大的应变能力，确保教学不被中断

在突发事件或特殊情况下，虚拟课堂具有强大的应变能力，能够保证教学不被中断，确保学生持续学习。学生可以在任何地点，通过虚拟课堂平台参与在线学习，不受地域和时间的限制，确保教学的连续性。学校和教育机构可以制定应急教学方案，迅速切换到虚拟课堂模式，应对突发事件和特殊情况对正常教学带来的冲击。

（5）通过在线互动和讨论，激发学习兴趣，提高参与度

虚拟课堂通过在线互动和讨论，能够激发学生的学习兴趣，提高学生学习的参与度。学生和教师可以通过虚拟平台进行实时互动，包括提问、回答问题、小组讨论等，使学生更积极地参与到课堂中。虚拟课堂提供了丰富的互动工具，如在线投票、白板分享、实时问答等，增加了学生学习的趣味性和参与度。学生可以在虚拟课堂中与远程的同学进行协作，促进跨地域的学科合作和互动。

虚拟课堂作为一种创新的教学模式，为学生提供了更多元化的学习途径，也为教育机构和教师提供了更灵活和更高效的教学工具。

（二）在线作业和测验

使用在线平台设计数学作业和测验时，可以从多个方面详细论述其分层效应：

第一，在线平台允许根据学生的学习水平和需求进行个性化设置。教师可以设计不同层次的题目，以满足不同学生的学习需求。分层设计有助于提供适当的挑战，使高水平学生能够深入学习，而低水平学生则能够更有信心地掌握基础知识。

第二，在线系统可以自动批改学生的答案，从而为学生提供即时反馈。这种反馈对于学生的学习至关重要，因为他们能够迅速了解自己的错误，并及时进行纠正。即时反馈也有助于激发学生的学习兴趣，增强他们对数学的兴趣和信心。

第三，通过在线作业和测验，学生被鼓励更主动地参与学习过程。学生可以在自己的节奏下完成任务，可以根据自己的学习进度选择适当难度的题目，这有助于培养学生的自主学习能力。

第四，在线平台产生的学生数据可供教师分析。通过了解学生的表现，教师能够及时发现学生可能存在的困难，更好地调整教学策略，为不同水平的学生提供更有效的支持。

总体而言，在线作业和测验的分层设计及自动化特性有助于创造一个更灵活的学习环境，推动学生更深入地参与数学学习。

二、交互式教学工具

（一）数学软件和应用

数学软件在教学中确实发挥着重要作用，这些软件可以帮助学生更好地理解数学。

1.数学建模

数学建模是一个强大的工具，而数学软件为学生提供了应用这一工具的平台。让学生亲身经历将抽象的数学理论转化为解决实际问题的过程，对于其学习和发展是非常有益的。将数学理论应用于实际问题，学生不仅仅是在记忆和应用公式，而是真正理解这些概念在解决实际问题中的作用。在数学建模过程中，学生需要思考如何将问题转化为数学语言，并设计相应的模型。这培养了学生分析问题和解决问题的能力。面对真实的问题，学生需要寻找创新的解决方案。这种创造性思维对于未来职业生涯和学术发展都至关重要。数学建模通常需要涉及多个学科领域的知识，学生在解决问题时需要综合运用数学、科学、工程等多种知识。

另外，在团队中开展建模活动可以培养学生的团队协作和沟通能力。总体来说，数学建模通过将数学应用于实际情境，不仅可以加深学生对数学概念的理解，还能够培养学生在解决问题时需要的一系列综合能力。这种实践性的学习方式不仅更贴近实际，也更易激发学生的学习兴趣。

2.图形绘制

图形绘制是数学软件的一项强大的功能，它提供了一种直观、动态的方式，更易于学生理解和探索抽象的数学概念。通过可视化，学生更容易理解数学概念之间的关系。图形呈现了数学关系的形状和趋势，使抽象的概念更加具体。

图形可以帮助学生更好地理解函数的行为，如何随参数变化而变化，以及函数之间的比较。通过动态图形，学生可以观察变量之间的关系随时间或参数变化的情况。这种实时的变化有助于加深对数学概念的直观理解。在解决实际问题时，图形绘制可以帮助学生更清晰地看到问题的几何或图形特征，从而更容易找到解决方案。学生还可以自己调整图形参数，探索数学关系，发现规律。这种自主的探索过程可以培养学生的自主学习和发现的能力。总体而言，图形绘制为学生提供了一个强大的工具，使学生通过视觉方式更深入地理解和掌握数学概念。

3.符号计算

符号计算是数学软件的一项重要功能，为学生提供了进行复杂代数运算的强大工具，能够帮助学生深入理解数学公式和定理，解决更具挑战性的问题。符号计算允许学生进行代数运算和推导，而不仅仅是得到结果，这有助于学生更清晰地理解数学公式和推导的步骤。通过符号计算，学生能够更深入地理解数学定理的来龙去脉，这种深层次的理解有助于学生在解决类似问题时更具洞察力。对于那些涉及大量代数运算的复杂问题，符号计算软件可以极大地提高效率。通过减轻烦琐的计算工作，学生可以将更多的注意力集中在理解和解释数学概念上，这有助于培养他们的批判性思维和问题解决能力。学生在使用符号计算时，能够更迅速地得到结果，从而增强学生对解决问题的信心，有助于提高学习动力。

符号计算为学生提供了一个强大的工具，使学生能够更有效地处理复杂的代数运算，从而深化对数学的理解。这种工具的使用不仅能够提高解决问题的效率，也能为学生提供更多的学习机会。

4.自主学习

自主学习是一种非常有价值的学习方式，有助于培养学生在数学领域的多种能力。自主学习要求学生主动参与学习过程，制订学习计划，有助于培养学生的责任感和独立性，让学生自主探究数学概念，培养学生独立思考问题的能力，这种思考方式对于发展批判性思维和解决问题的能力至关重要。自主学习通常涉及实际的实验和验证，使学生能够将理论知识应用于实际问题，有助于深化对数学概念的理解。在自主学习的过程中，学生通常需要自我评估自己的学习进度和理解程度，这有助于学生发现自己的弱点，并调整学习策略。通过实验和验证，学生有机会自己发现数学规律和关系，不仅能提高学生的学习动力，还能加深学生对数学的兴趣。自主学习培养了学生在学术领域和生活中的各种重要技能，数学软件为这种学习方式提供了更加便捷和灵活的工具，使学生能够更好地探索、理解和应用数学知识。

数学软件帮助学生更深入地理解数学，同时也促使学生在解决实际问题中应用所学的抽象概念，这样的学习方式既具有趣味性，又具有一定的积极意义。

（二）交互式白板

交互式白板是现代教学中的一项强大的工具，它不仅为教师提供了实时演示和解题的平台，还能够使学生更积极地参与课堂活动。同时，交互式白板也为数学教学带来了很多创新和便利，使学习过程更加生动、有趣。这种技术的应用有如下几点优势：

第一，通过交互式白板，教师可以实时演示数学问题的解决过程，让学生能够更清晰地理解数学概念。学生可以通过交互式白板参与解题和演示过程。学生提出问题、提供答案，甚至直接在白板上进行涂鸦或标记，增加了课堂的互动性。

第二，交互式白板允许教师和学生通过图形、图表等方式进行更直观的演示，有助于视觉化学习，使数学概念更容易被理解。教师可以根据学生的反馈和提问调整演示内容，实现更个性化的教学，有助于满足不同学生的学习需求。

第三，学生可以通过触摸屏、笔等工具与交互式白板进行互动，这不仅可以提高学生的参与度，也能够使学习过程更具有趣味性。

第四，在远程教学环境中，交互式白板可以通过在线平台实现实时演示和互动，保持教学的连贯性，为学生提供高质量的远程学习体验。

三、在线资源和开放教育资源

（一）数字化教材

数字化教材是数字化教育的重要形式之一，它可以通过图像、音频、视频等方式，丰富学习的内容和形式。在教学过程中，可以通过动画演示数学过程和问题的解决步骤，更形象地展示抽象概念和复杂运算过程。数字化教材常常具有交互性，学生可以通过点击、拖动等方式参与学习过程，有助于其更深入地理解数学概念。数字化教材通常可以根据学生的学习速度和水平提供个性化的学习路径，能够满足不同学生的学习需求，提高教学效果。学生可以通过数字化教材获得即时反馈，了解自己的学习进度，及时纠正错误，加强理解。学生通过使用数字化教材可以灵活地安排学习时间和学习地点。另外，使用数字化教材有助于减少纸张的使用，对环境更友好。同时，数字化教材的更新和分发成本相对较低，更经济实惠。

总体而言，数字化教材为数学学习提供了更丰富、有趣、灵活的学习体验，不仅提高了学习效果，还适应了现代学生对于多样化学习方式的需求。

（二）开放教育资源

开放教育资源（Open Educational Resources，简称 OER）的使用为教育领域带来了很多积极的变化。教师可以分享教学视频、讲义、练习题等教学资源，这种共享促进了教师间的经验交流，使教学内容和方式变得更丰富。开放教育资源可以在全球范围内进行访问，为教师和学生提供了更广泛的学习机会，有助于促进全球范围内的学术合作和文化交流。学生可以根据自己的学习需求选择合适的开放教育资源，实现个性化学习。开放教育资源降低了学习资源的门槛，提高了教育资源的可及性，尤其对于资源匮乏的地区和学生来说，这是一种重要的补充。开放教育资源可以更容易进行实时更新和修订，教师和学生能够及时获取最新的信息和教材，保持教育内容的新鲜度。开放教育资源通常是免费的，或者成本较低，有助于降低学生购买教材的负担，有利于提高教育的普及性。教育资源的共享促进了教师之间的协作和创新，他们可以共同改进和发展教学材料，提高整个教育体系的质量。

总体来说，开放教育资源为教育带来了更大的灵活性和可持续性，这种开放的学习环境有助于构建更具包容性和共享性的教育社区。

四、模拟与实践

(一) 数学建模

数学建模是一个非常有趣且实用的学习方法,结合数字化技术,可以提升教学效果。数字化技术使学生能够模拟和解决真实世界中的问题。通过数字化的模型,学生可以更全面地理解问题的背景和复杂性。利用数字化技术,学生可以创建可视化的数学模型,观察模型随时间变化的情况,有助于更直观地理解抽象的数学概念。数字化技术为学生提供了与模型进行交互的机会,学生可以调整参数、运行实验、观察结果,并及时进行调整。这种互动性有助于深化学生对数学模型的理解,学生还可以得到即时反馈,了解自己的模型在解决问题时的表现,有助于学生更好地理解模型的强项和弱点,并进行改进。数字化技术使数学建模更容易与其他学科整合,学生可以将数学模型与科学、工程等领域的知识相结合,解决更为复杂的跨学科问题。数学建模的数字化技术有助于学生将学到的数学知识应用于实际问题,这种实际应用的过程有助于培养学生解决实际问题的能力。学生可以通过数字化平台进行远程合作,共同创建和调整数学模型,培养团队协作和沟通技能。

总体来说,数字化技术为数学建模提供了更广阔的发展空间,使得学生能够更深入地理解和应用数学知识。这种实践性学习方式既有助于提高学生的数学素养,也能够培养学生解决实际问题的能力。

(二) 虚拟实验

虚拟实验在实验教学中具有以下独特的优势:

第一,虚拟实验消除了一些实验可能存在的危险因素,学生可以在虚拟环境中进行实验操作,降低了潜在的安全风险。

第二,虚拟实验不需要购买昂贵的实验器材,可以节省一部分费用。

第三,学生可以在虚拟环境中反复进行实验,观察和分析实验结果,更好地理解实验的原理和过程。

第四,虚拟实验能够提供丰富的可视化效果,使学生能够更直观地观察实验结果,有助于理解抽象概念和数学原理。

第五,虚拟实验软件允许学生在模拟中改变不同的条件,观察实验结果的变化,有助于学生深入理解实验的变量和因果关系。

第六，学生可以在任何地方使用虚拟实验软件，不需要实际的物理实验室，为实验教学提供了便利。

第七，虚拟实验鼓励学生主动参与实验过程，进行自主探究，可以自己设计实验方案，观察结果，培养实验设计和分析的能力。

总体来说，虚拟实验为数学教育提供了一种新颖而有效的实践方式。通过模拟实验操作，学生能够更深入地理解实验原理，培养设计和分析实验的技能。

五、个性化学习和自适应教育

（一）个性化学习平台

个性化学习平台是数字化技术在教育领域的一项重要应用，为学生提供了更个性化、灵活的学习体验。个性化学习平台具有以下优势：

第一，个性化学习平台能够根据学生的学科水平、学习速度和兴趣，为学生提供定制化的学习路径，满足不同学生的学习需求，使学习更高效。

第二，个性化学习平台通常配备智能化的反馈系统，能够根据学生的表现提供即时的反馈，有助于学生理解自己的优势和弱点，进行有针对性的学习。

第三，个性化学习平台整合了各种多媒体资源，如视频、互动模拟等，以满足学生不同的学习偏好，激发学生的学习兴趣。

第四，教师可以轻松了解学生的学习进度和学习成果，及时发现学生的学习问题，并采取相应的措施帮助学生解决难题。

第五，个性化学习平台鼓励学生进行自主学习，学生可以根据自己的学习计划和兴趣选择学习内容，培养独立学习的能力。

第六，个性化学习平台可以提供个性化的评估方式，根据学生的学科水平和学习风格进行定制。这样的评估更能反映学生真实的能力和潜力。

总体来说，个性化学习平台通过数字化技术为学生提供了更为灵活、高效和有趣的学习方式，这种个性化的教育方法有助于提高学生的学习主动性和学科素养。

（二）自适应教育系统

自适应教育系统是人工智能技术在教育中的一项重要应用，为学生提供了高度个性化和智能化的学习体验。以下是自适应教育系统的一些优势：

第一，基于学生的学习表现和需求，自适应教育系统能够调整学习路径，根据学生的学习水平，提供相应的学习内容。

第二，自适应教育系统可以通过智能化的诊断分析学生的学科水平、弱点和学习风格，这种精准的分析有助于更好地理解学生的需求。

第三，根据学生的学习进展，自适应教育系统能够实时调整教学内容的难度，这种动态调整有助于保持学生的学习挑战性，使学习过程更具吸引力。

第四，自适应教育系统能够提供实时的反馈，帮助学生了解自己的学习表现，有助于学生及时纠正错误，改进学习方法，提高学习效果。

第五，自适应教育系统可以整合多种学习资源，包括文字、图像、视频等，以满足学生多样化的学习需求。这种多样性有助于激发学生的学习兴趣。

第六，自适应教育系统不仅适用于数学，还可以扩展到其他学科。无论是语言、科学还是艺术，都可以根据学生的具体表现进行智能化调整。

第七，自适应教育系统能够让学生在个性化的学习路径上自主探索，有助于培养学生自主学习和解决问题的能力。

总体来说，自适应教育系统通过智能技术提供了更为个性化和精准的学习体验，有助于激发学生的学习动机，促进他们更深入地理解和应用知识。

六、在线讨论和协作

（一）在线讨论平台

在线讨论平台为学生提供了一个跨越时空的交流和合作平台，特别对于数学学科的讨论，它具有一些显著的优势：

第一，学生可以在不同地域、不同学校之间讨论数学问题，这种跨地域的交流有助于拓宽学生的视野，分享不同的学习经验和方法。

第二，在线讨论平台允许学生实时交流，这种实时性有助于提高学习效率和问题解决的速度。

第三，通过在线讨论，学生可以形成学科社群，共同探讨数学问题，分享学习资源和经验，建立良好的学科氛围，促进集体学习。学生还可以在线分享对数学问题的不同观点和解决方法，拓展其对数学的理解和思考，还有助于培养合作精神和团队协作能力。

第四，在线讨论平台为师生之间提供了互动机会。教师可以参与学生的讨论，提供指导和反馈，促进更深层次的学习。

第五，讨论平台通常会保存学生的讨论记录，形成一种文档化的学习过程。这对于学生回顾学习、教师了解学生进展都是有益的。

总体来说，在线讨论平台为学生提供了一个互动、开放的学习环境，有助于促进数学学科的深度思考、合作学习，以及建立学科社群。

（二）在线协作工具

在线协作工具在数学学科中的应用确实为学生提供了更便捷和高效的学习方式。以下是在线协作工具具有的一些优势：

第一，学生可以实时共同编辑数学文档，解决问题，即使身处不同的地点也能够协同工作，提高学生之间的协作效率。

第二，在线协作工具通常具有版本控制功能，能够追踪文档的修改历史，有助于学生了解文档的演变过程，及时回溯和修正错误。

第三，特别在远程学习的情境下，在线协作工具为学生提供了灵活的学习方式。学生可以随时随地与同学一起学习和解决数学问题。

第四，协作工具通常支持多媒体内容的插入，如图表、图片、视频等，能够更直观地呈现数学概念。学生之间的即时协作也意味着能够即时反馈。他们可以互相指正错误、提出建议，促进学习过程中的相互理解和提高。

第五，在线协作工具通常会提供群组项目管理功能，方便学生组织和管理共同的数学项目，可以培养团队协作和组织能力。

总体来说，在线协作工具为数学学科的学习提供了更加灵活、开放的学习环境。这种协作方式促进了学生之间的互动和学科合作，有助于提高学习效果。这些数字化技术应用模式不仅提高了数学教学的效果，还丰富了教学手段，使学生能够更灵活、更主动地参与学习过程。同时，数字化技术也为教师提供了更多个性化和创新性的教学方法。

第三节 数字化技术对数学教育的影响概述

数字化技术对数学教育产生了深远的影响，为教学提供了更多创新和灵活性。本节从以下八个方面分析数字化技术对数学教育的积极影响：

一、实时互动和反馈

实时互动和反馈是数字化技术在数学教育中的一项重要优势。第一，通过数字化技术，学生可以即时向教师提问并得到解答，防止错误的积累，提高学习效率。第二，虚拟环境中的实时互动使学生能够与同学和教师进行实时讨论，从而激发创造性思维，促进知识的共享和交流。第三，教师可以根据学生的表现提供个性化的反馈。通过分析学生的答题过程，教师可以了解学生的思考方式，为其提供更有针对性的建议。第四，在实时互动和反馈的支持下，学生能够更加积极地参与数学学习，提高解决问题的效率和准确性。这种数字化技术的优势对于个性化学习和远程教育都具有重要的意义。

二、个性化学习

个性化学习是数字化技术在数学教育中的一项关键优势，可以根据学生的需求和能力，提供个性化的学习资源和课程。学生可以根据自己的兴趣和学习进度，自主选择学习内容，提高学习效果。下面从以下几点深入分析数字化技术在个性化学习中发挥的作用：

第一，数字化技术允许根据学生的学科水平、学习速度和兴趣，提供定制化的学习路径。每个学生可以根据自己的需求和进度选择适合的教学内容，使学习更具个性化。学生在数字化环境中有更多的自主权，可以根据自己的学习偏好和兴趣进行自主学习，培养独立思考能力和学习自主性。

第二，数字化技术支持差异化教学，教师可以根据学生的个体差异提供具有针对性的教学方法。通过智能化的适应性教育系统，教师可以根据学生的学习表现给予个性化的学习建议，根据学生的强项和弱项调整教学内容和难度，提供更贴近学生需求的学习体验。

第三，个性化学习强调兴趣驱动，学生更有可能在其感兴趣的领域投入更多时间和精力。数字化技术提供了更多关于学生兴趣和学科偏好的数据，有助于个性化学习的实施。

第四，数字化技术允许学生在任何时间、任何地点访问学习资源，这种灵活性有助于适应不同学生的学习时间表和生活方式。

通过数字化技术实现的个性化学习可以更好地满足学生的个性差异，提高学习的个性化和精准性，这对于提高学生的学科素养和自主学习能力具有重要意义。

三、在线学习资源

在线学习资源的丰富性是数字化技术在数学教育中的一项显著优势，其具有以下优势：

第一，在线学习资源的多样性使数学学习变得更生动、更多样化。学生可以通过数学软件、教学视频等多媒体资源更直观地理解数学概念，增强学习的趣味性。

第二，学生不再受限于地理位置，可以访问来自世界各地的数学学习资源，有助于拓宽视野，接触不同文化背景下的数学教育方法和思维方式。

第三，数字化技术确保了在线学习资源的实时更新，数学领域的知识不断发展，学生通过在线资源能够获取最新的数学理论、应用和研究成果。

第四，在线学习资源支持个性化学习，学生可以根据自己的学科水平和兴趣选择适合的学习内容，从而提高学习的针对性和学习效果。

第五，学生可以通过在线平台分享学习资源、讨论问题，并进行合作学习，这种资源共享和合作有助于形成学科社群，促进学生之间的互动和合作。

总体来说，数字化技术极大地丰富了数学学科的学习资源，为学生提供了更广泛、更灵活的学习选择，对于个性化学习和跨地域学习都产生了积极影响。

四、数学建模与仿真

数学建模与仿真的结合是数字化技术在数学教育领域中的一项强大应用，它允许学生运用抽象的数学理论解决实际问题。数学建模通常需要整合多学科的知识，涉及数学、科学、工程等领域，而数字化技术为其提供了跨学科合作的平台，学生可以与其他领域的专家合作，共同解决复杂的问题。数字化技术允许学生进行实时的仿真实验，通过模拟现实场景，学生可以观察和分析问题，推测不同因素对结果的影响，从而提高问题分析和解决能力。数学建模鼓励学生发挥创造性思维，提出独特的建模方法和解决方案。数字化技术为学生提供了创建、测试和修改模型的平台，激发了学生的创造潜力。通过数学建模和仿真实验，学生积累了实践经验，能够更好地理解数学理论的实际应用。这种实践经验对于深化学生对数学概念的理解非常重要。数学建模和仿真实验的过程培养了学生解决问题的能力，学生需要思考如何将实际问题转化为数学模型，进行仿真实验，最终得出合理的结论。综合来看，数字化技术为数学建模和仿真提供了强大的工具，促使学生更深入地理解数学的实际应用，培养了他们解决复杂问题的能力。

五、图形绘制和可视化

图形绘制和可视化在数学学习中的应用是数字化技术中一项强大的工具，以下是数字化技术对图形绘制和可视化的积极影响：

第一，数学软件和在线工具提供了直观的图形展示，使学生更容易理解数学关系和函数。通过可视化，抽象的数学概念变得更具体、更有形。动态图形使学生能够直接观察变量之间的关系，直观的图形变化有助于深化学生对数学概念的理解。

第二，学生可以使用图形绘制工具探索数学模式。通过调整参数和变量，学生可以观察到不同模式的出现，从而更好地理解数学的规律和特性。

第三，学生可以通过绘制图形来直观地理解和验证数学定理，提高证明过程的可视化效果。在多维数据的情况下，图形绘制和可视化成为理解复杂关系的关键工具。

第四，数字化技术提供了更高维度的图形展示，使学生能够更好地理解多元数学关系。学生可以通过图形绘制工具立即看到他们输入的数学表达式或函数的图形，从而得到即时反馈，这有助于纠正错误、调整学习策略。

第五，在几何学中，图形绘制有助于培养学生的几何直觉。通过观察和绘制几何图形，学生能够更好地理解几何关系和性质。

总体来说，图形绘制和可视化工具为学生提供了直观了解数学理论的可能性，提高了学生对数学概念的理解和应用能力。

六、虚拟实验

虚拟实验是数字化技术在数学教育中的一项重要创新，具有多方面的优势。以下是虚拟实验对数学学习的积极影响：

第一，传统实验通常需要实验室设备、材料和人力等资源，而虚拟实验可以直接在电脑上进行，既能降低实验成本，又可以让更多学生进行实验操作。

第二，一些实验可能涉及危险的物质或复杂的环境，虚拟实验可以模拟实验物品和环境，能够提高实验的安全性。学生在虚拟环境中进行实验，不必担心意外事件的发生。

第三，学生可以在任何时间、任何地点通过电脑或其他数字设备进行虚拟实验，这种灵活性使学习变得更为方便，适应了不同学生的学习习惯。

第四，虚拟实验可以模拟各种实验场景，包括那些在传统实验中难以实现的场景，为学生提供了更多实验机会，增加了实验的丰富性和多样性。

第五，学生可以在虚拟实验中实时观察和分析数据，能够更好地理解实验结果，掌握实验过程中的关键步骤。

第六，虚拟实验通常提供即时反馈，学生可以根据实验结果进行调整和改进，实验反馈有助于培养学生的实验设计和数据分析能力。

通过虚拟实验，学生能够以更安全、便捷的方式进行实验操作，同时获得更灵活和多样的学习体验。

七、在线讨论和协作

在线讨论和协作是数字化技术在数学教育中的一项有益实践，它对于高校的数学教学具有以下积极影响：

第一，在线讨论平台为学生提供了一个共同交流和学习的空间，促进了学科社群的形成，从而建立更广泛的学术网络。学生不再受限于地理位置，可以与世界各地的学生共同学习和解决数学问题，不仅扩大了学生的学术圈子，而且引入了不同文化和思维方式，有助于拓展思维，促进多元思考。

第二，学生可以在在线平台实时提出问题并得到答案，并通过在线讨论，分享自己的学习经验和解题技巧。这种实时交流能让学生更迅速地理解和掌握知识点，实现知识的共享和传递，对于加强学科内的合作与交流具有一定的积极作用。在讨论交流的过程中，学生可以接触各种各样的数学问题和应用场景，有助于激发学生的学术兴趣，让其更主动地参与到数学学习中。

总体而言，在线讨论和协作为学生提供了一个开放的学习空间，鼓励合作学习和知识交流。

八、自主学习

自主学习是数字化技术在数学教育中的一项重要优势。以下是自主学习对数学学习的积极影响：

第一，数学软件和在线资源支持学生根据自己的学科水平、学习兴趣和节奏选择学习内容。每个学生可以根据自己的需求，制订个性化的学习计划，提高学习的针对性和学习效果。

第二，数学软件提供了一个自主探索的平台，让学生能够根据自己的兴趣深入研究特定的数学领域，培养其主动学习的意识。

第三，通过自主学习，学生有机会深化对数学概念的理解，可以根据自己的需要反复学习，直到确保完全理解和掌握知识点。学生还可以通过数学软件和在线平台评估自己的学习进度，从而清晰地了解自己的强项和弱项，有针对性地调整学习计划。

第四，自主学习激发了学生的学科兴趣，使学生更愿意深入学习数学。在自主学习过程中，学生通常能够找到自己的学科兴趣点，从而更有动力投入学习。

综合来看，自主学习通过数字化技术的支持，为学生提供了更多探索和发现的机会。同时，数字化技术也为数学教育带来了更多的灵活性，促进学生更深入、更主动地学习数学。这种数字化转型有望进一步推动数学教育的发展，提高学生的数学素养。

第四节 数字化背景下信息技术与高校数学教学的有效融合

随着计算机的普及和互联网的广泛应用，人们的生活发生了极大的变化，生活效率和生活质量也呈上升趋势。本节就信息技术与高校数学教学的融合问题进行了相关阐述，为两者的融合提供了一些建议和意见。

"高等数学"是一门重要的基础学科。传统的教学模式无法有效地将高等数学抽象、复杂的解题过程和思维方式形象地传授给学生，而信息技术的图文、动画等表现方式可以很好地解决这一问题。另外，信息技术的资源共享为高校的数学教育创建了一条捷径，为学生和教师、学生和学生之间的交流沟通创造了更为便捷的方式。因此，信息技术与高校数学的融合是未来高校数学教育发展的趋势和突破的方向。

一、信息技术与高校数学教学融合的意义

信息技术与高校数学教学的融合，可以把枯燥、难懂的数学问题转化成图文、动画等生动的表现形式，使数学变得更具有趣味性，帮助学生建立清晰的逻辑关系。将信息技术应用于高校数学的教学中，可以提高学生自主学习的积极性，让学生感受到学习数学的乐趣。信息技术与高校数学教学的融合，为高校数学教育的学习和分享搭建了一个良好的平台。

二、信息技术与高校数学教育融合的实践运用

（一）营造教学氛围，提高学生积极性

数学学习本身就需要较强的思维能力，对高校数学的学习，这个能力更需要达到一定的水平。有的学生总是觉得数学太难、数学问题太复杂，对数学有畏难情绪。教师可以利用信息技术的图文、动画，对数学知识进行动态演化，帮助学生理解相应的问题。比如，在讲授二次曲面的课程中，教师可以对二次曲面的定义、特点进行图文处理，把

学生需要思考的过程通过动画演示出来。这既可以吸引学生的注意力，又通过动态的演示过程使数学问题形象化，有助于学生深入理解二次曲面的相关知识。

（二）针对重难点进行"微课"设计

"微课"是教学领域中以信息技术为必要条件的创新教学成果，突破了传统教学的僵化和局限，对教学问题进行"碎片"化处理。学生可以根据实际情况有针对性地学习，减少遇到疑难问题时的恐惧心理，不会因为一个难点而放弃对整个课程的学习。例如，在高校数学的学习中，一些难点总是会成为学生心里过不去的坎，花了很多时间和精力去研究，却没能获得相应的效果。教师可以让学生实时反馈难点，再根据反馈的情况制作微课，这样学生可以利用课外时间重点学习难点。虽然每个学生面临的问题不一样，但可以同时攻克难点，为高校数学教育带来极大的便利。

（三）利用交友软件，实现共同学习

信息技术让人与人之间的交流沟通不再受空间限制，微信、QQ 等社交软件成了生活中重要的交流工具。同样，将其运用于数学教学，能够加强学生与教师之间的沟通。交流与讨论对学生自主学习能力的促进是非常有效的，高校数学教育可以利用信息技术交流平台，对学生开展个性化教学。知识的传达和讨论不再以教室这个固定的空间和有限的课堂时间为主，而是以课外学生与学生、学生与教师之间的交流讨论为主。例如，在高校数学的教学中，教师可能针对不同的问题建立不同的交流群，学生根据自己的情况选择加入一个或多个交流群。在群里，学生可以向教师提出问题，也可以与同学进行讨论和研究，甚至可以利用互联网认识更多的校外学生，营造良好的学习氛围。

（四）教师教学能力与信息技术同步

通过上述分析，信息技术赋予高校数学教学的优势已经非常明显，而信息技术是否能在高校数学教学中发挥促进作用，与教师对信息技术的掌握程度有着非常密切的关系。教师只有具备相应的信息技术能力，才能在实践中将两者完美融合，提升高校数学教学的质量。因此，关于教师的信息技术培训需要与信息技术的教育运用与发展同步进行，这样教师才能在教学过程中准确地运用信息技术，提高学生对知识的掌握程度和学习积极性。高校数学教育工作者应重视两者的有效结合，创新教学方法，提高教学质量，综合提高学生的素质及学习能力，为学生以后的逻辑思维培养奠定基础。

第五节 数字化背景下新媒体对高校数学教学的影响

新媒体技术充分发挥了网络的优势，为人们提供了更加便利的生活方式。目前，某些高校的数学教学手段仍较为传统，这对提升学生的综合素质是十分不利的。利用新媒体的优势对数学教学模式进行创新，为学生提供多元化的教学资源，有助于高校真正发挥出自身的教学优势。

一、开展新媒体数学教学的背景及现状

传统的媒体传播主要采用点对面的方式，传播者与受众之间无法实现高效互动。与此相比，新媒体的传播方式则发生了巨大的变化，它可以实现面对面、点对点等多样化的信息传播，并能够借助互联网传播视频、文字等多种类型的信息。新媒体的传播方式具有人性化、灵活性、互动性等特点，并且越来越受大众欢迎。

目前，新媒体在原有社交软件的基础上，构建起全新的沟通方式，帮助师生实现远程沟通，提高教学效率。此外，移动设备的加入也极大地提高了教学的灵活性，学生可以随时随地进行学习。

数学知识本身具有抽象性的特点，要学好数学就需要学生具备良好的逻辑思维能力。但目前，部分高校的数学教学仍以记忆教学为主，教师试图用一支笔、一块黑板及一段幻灯片来教授抽象的数学知识，其难度可想而知。新媒体可以实现信息资源的转化，为学生带来更加直观的视觉感受，使课程内容更加清晰、有条理。

新媒体可以实现师生之间的实时沟通，教师可以即时得到学生的反馈，以此为依据布置学习任务，学生对知识的了解也更加深入，逐渐形成系统的知识体系。

从当前高校互联网发展的情况看，互联网信息技术在校园中已经呈现出一定的普及发展态势，但大部分高校数学教师尚未认识到互联网教学的重要性。互联网教学辅助功能在数学教学方面发挥的效果并不理想，借助新媒体技术优势对数学教学模式进行的创新工作也尚未得到广泛开展。在新媒体的支持下，高校数学教师应该高度关注数学教学模式的创新工作，为高校数学教学质量的提升及学生数学综合素养的培养奠定坚实的

基础。

二、新媒体支持下高校数学教学模式的创新

（一）前期准备工作

做好前期准备工作是保证教学模式创新的基础。首先，教师应对新媒体辅助数学教学模式进行可行性分析，然后对新媒体支持下的数学教学主题加以确定，进而制订科学的计划，并合理安排后续工作。其次，教师要对高校数学教学情况及学生对新媒体教学的接受度进行调查，还要对数学教学课程的内容、学生的兴趣爱好，以及各专业对高等数学知识的需求情况等多种因素进行分析，在此基础上确定教学主题，拟定教学大纲，制订教学计划，在保证基础教学顺利进行的前提下，借助新媒体，采用生动、形象的教学形式开展教学活动。

（二）教学活动的开展

教师在做好前期教学规划的基础上实施教学方案，对学生进行科学的教学指导。学期初，教师应建立学习委员 QQ 群（以下简称学委群），并在首节课上公开自己的 QQ 号，为日后开展教学活动做准备。教学活动的开展主要分为三个阶段：课前预习阶段、课堂教学阶段及课后提升阶段。

在课前预习阶段，教师可以提前一天借助学委群发布教学主题、目标、重难点及教学环节安排等，使学生能够提前参与到教学活动中，做好学习准备工作，从而充分调动学生的学习积极性，增强学生学习的自信心，为凸显学生的主体地位创造条件。随后，学委将收集到的预习难点反馈给教师，教师有的放矢地调整次日的教学内容。在这一阶段，教师只"发任务"和"收难点"，不过多参与，让学生以自己的方式进行自主学习。

新媒体环境是教师不断提升自我、改善教学现状的有效途径。在传统教学模式中，新教师只能在本校听老教师的课，此种学习方式不仅效率较低，而且局限性较大。如今，通过新媒体，新教师可以向全国乃至全世界的名师学习，快速汲取前辈们的教学经验，更全面地提升自己的教学水平。另外，新教师还可从海量的网络教学资源中去粗取精，给学生提供优质的学习资源。

在课堂教学阶段，教师可以根据课前收集到的难点选择适当的教学方法，充分调动

学生的学习积极性，解决难点问题，并引导学生多角度分析数学知识，强化学生的学习效果。

在课后总结提升阶段，教师可以通过学委群发放本次课程的相关教学资料，及时收集本次课程中学生存在的问题，由教师从中挑取普遍存在的问题，并及时以文字形式或视频形式为学生解答。

以"导数的概念"一课为例。首先，教师可以在课前预习阶段借助新媒体技术向学生发布教学实例，为学生布置特定的学习任务，让学生结合教学实例独立总结导数的数学内涵，对导数的概念形成初步的理解。同时，教师可以通过学委群反馈的信息，大致了解学生课前的预习情况。其次，在课堂教学阶段，教师要结合前期计划开展教学活动，让学生展示课前预习阶段的独立学习成果。教师在总结学生学习成果的基础上提出导数的概念，并采用适当的教学方法加深学生对导数概念的理解。最后，在课后总结提升阶段，教师可以通过学委群上传本次课程所用的教学课件，布置作业，并要求学生利用导数的概念尝试推导导数的四则运算法则和相关公式，为下一节课的教学做准备。

（三）教学活动的拓展

教师可从学院层面出发，面向全院学生建立公共 QQ 群，主要由学生负责，配备指导教师，将数学学习中层次接近、志同道合的人集合在一起，让其通过网络切磋问题、共享资料、组织活动。还可通过 QQ 空间、微信朋友圈等与学生进行情感层面的交流，关注学生的心理动态，发布正能量的文章，让学生有所感悟。

以上是新媒体对学校内部层面的教学工作的辅助方法。其实，新媒体在各个高校的沟通交流上也起了很大的作用，各校教师可以通过教学群交流教学经验，分享教学成果，共同创新教学模式，提高高校数学的教学质量。

第三章 高校学生数学素质培养的理论基础

第一节 数学素质的内涵及其构成

一、数学素质的本质属性

数学素质的内涵应该在分析数学素质本质属性的基础上得出。这是因为，一个概念的本质属性能揭示它与其他概念的联系与区别。通过揭示其本质属性，我们可以更加明确它的概念，并更好地理解它。数学素质的本质属性就在于它具有境域性、个体性、综合性、外显性和生成性等特点。

（一）数学素质的境域性

所谓"境域性"是指任何知识都存在于一定的时间、空间、理论范式、价值体系、语言符号等文化因素之中。任何知识的意义不仅仅是由对其本身的描述来表达的，更是由其所处的整个意义系统来表达的；离开这种特定的境域，既不存在任何知识，也不存在任何认识主体和认识行为。数学素质进一步体现了知识的境域性特点，数学素质离不开数学知识。无论是数学素质的形成还是数学素质的外显均依赖特定的情境，如果没有特定的情境，数学素质是无法外显出来的。我们说某个人具有一定的数学素质，一般都是在特定的情境中，通过观察这个人解决问题时的表现来说的。因此，离开特定的情境判断一个人是否具有数学素质是难以做到的。

（二）数学素质的个体性

数学素质的个体性是指数学素质具有很强的个体特点。数学素质外显的关键在于个体对已有认知的调整。从心理学的角度来看，由于每个人的知觉环境都是独特的，两个人虽然会在同一空间和同一时刻出现在同一位置上（或他们所在的位置在空间上和时间上尽可能地相近），但是他们的心理环境可能非常不同。而且，面对相同的"客观事实"的两个同等智力水平的人的行为，可能会由于各自的目的与经验背景的差异而截然不同。从知识传授的角度来说，能够传授（传递）的常常是表层知识，这种知识是非本质的。对此，可以借用德国哲学家叔本华的比喻：这种知识不过是探索者留下的足迹而已，我们也许看清了他走过的路径，但我们不能从中知道他在一路上看到了什么。要想知道探索者看到了什么，就必须深入知识的深层，即掌握未可言明的，而且是个人化的知识。因为是未可言明的，所以我们无法通过表层的、可言明的知识了解探索者所看到的知识。因为它是个人化的，所以它往往只能为探索者本人所感受，如果我们想看到它、感受它，就必须在某种程度上重复其探索的过程，使自己在某种程度上成为发现这门知识的个人。

正是由于数学素质构成的多样性以及个体的差异性，所以数学素质表现出与其他概念明显不同的特征。其实，数学本身就是一种人类活动，数学知识体系凝聚着人的智慧、蕴含着人的思想观念，反映出人的信念、意向、行为准则和思维方式。数学素质与数学的不同之处就在于数学素质融入了个体对数学的体验、感悟和反思。换言之，个体对数学所生成的不同的体验、感悟和反思促使数学素质形成了鲜明的个体性。

（三）数学素质的综合性

数学素质是一个系统，具有整体性特点，这也是数学素质与数学知识的不同之处。从内容上来看，数学素质包含数学知识、数学情感、数学思维、数学思想方法以及数学所体现出的科学精神和人文精神。这些内容构成了一个相互联系的有机统一体，各个部分与要素之间相互联系、相互影响和相互制约。数学素质的个体性使得这些要素具备了生命系统的特征，而生命系统的基本特征之一便是相互作用。在生命系统中，各组成部分不是以相互孤立而是以相互联系及与系统整体的关系的角度来界定的。从数学素质的表征来看，我们可以将数学素质描述为稳定的心理状态或者心理属性，也可将其描述为品质、行为表现以及综合性能力。事实上，素质是一种精神，一种品质，一种无形之物。没有任何一种单独的特征能够概括人的素质，但素质又随时会以某种形式表现出来。素质是一个人的品格、精神、知识、能力、学识、言谈、行为举止等的综合。所以，数学素质具有综合性特征，任何一种单独的特征都难以概括数学素质的特征。

（四）数学素质的外显性

数学素质的外显性是指作为社会动物的人，总处在与他人相互作用的过程中，个人的数学素质需要通过其行为表现出来。数学素质是否生成，需要主体通过其外显性，即学生在其所处的现实情境中表现出来的数学行为来确认。也就是说，一个具有数学素质的人，在现实生活中会表现出其具有数学素质的特征。一个人是否具有数学素质可以通过观察他在真实的情景中的行为来判断。无论是国际数学教育研究，还是国内数学教育研究，都要求学生在真实的情景中表现出自身良好的数学素质，并试图寻求各种途径来描述数学素质的行为特征。

（五）数学素质的生成性

数学素质的生成性是相对于数学知识的传授和接受来说的。"素质的基本特点决定了素质的教学方式不同于单纯知识的教学方式。知识可以用'传递—接受'甚至'灌输—记忆'的方式进行教学。而素质显然不能用言传口授的方式直接从一个人那里传递给另外一个人。对应地，学习者也不能简单地用接受的方式直接从他人那里获得现成的素质。"因此，教师通过数学课堂教学可以将数学知识与数学技能传授给学生，而学生也可以通过数学课堂教学学习数学知识与数学技能。但数学素质只能在主体经历的数学活动中产生，并在真实的情景中表现出来，主体只有在数学活动中通过对数学的体验、感悟和反思才能生成数学素质。

总之，数学素质的境域性表明数学素质的生成离不开情境；数学素质的个体性表明数学素质的生成离不开具有主体性的人，如果离开了人，数学素质也就不复存在；数学素质的综合性表明用任何一种单一特征描述数学素质都是无法做到的；数学素质的生成性表明在培养学生数学素质的教学中，要重视他们对数学的体验、感悟和反思，也表明数学素质的教学方式不同于数学知识的教学方式。

二、数学素质的内涵

在认识数学素质的本质属性的基础上，我们从数学素质生成的角度将数学素质界定为：主体在已有数学经验的基础上，在数学活动中通过对数学的体验、感悟和反思，在真实的情景中表现出来的一种综合性特征。从广义上来说，数学素质是一种综合性素质；从狭义上来说，数学素质就是个体在真实情景中运用数学知识与数学技能理性地处理问题的自然概念上的素质，也可以称为遗传素质。

三、数学素质的构成

（一）数学素质构成要素的分析框架

用以研究、分析和把握某一领域的基本尺度称为分析框架，它既规定了这一领域研究的问题的内容和边界，又提供了理解、分析、解决这些问题的基本视角、基本思路、基本原则和基本方法。因此，要想确定数学素质的构成要素，建立分析框架极为重要。建立数学素质构成要素的分析框架应该从以下几个方面着手：

1.社会发展对数学的需求

无论是教育现象学理论，还是数学教育理论，都明确强调教育或者数学教育要回归现实生活。所以，建立数学素质构成要素的分析框架，必须考虑社会发展对数学的需求。21 世纪是"数字化时代"和"信息时代"，数字化时代对数学素质的要求主要体现在两个方面：一方面，由于技术水平的提高和新技术的运用，社会降低了对一般公民在常规数学技能和一些特殊数学技巧方面的要求；另一方面，社会又增加了公民应具有更普遍性的数学概念和数学思想方法，以及运用数学的意识和态度的要求，以便公民能更有效地运用数学技术来处理信息、发现模式、做出决策。

信息时代对数学素质的要求表现在以下几个方面：第一，具备运用信息技术手段与工具的技能；第二，具有收集与处理数据的能力；第三，学会用数学语言进行交流，用数学的思维和方法去观察与思考，具备应用数学解决现实问题的意识及能力。因此，在现代社会中，对数学的应用是数学素质必不可少的因素。数学的应用非常广泛，具体包括：经济发展方面的经济增长预测、全国粮食总产量的统计，环境保护方面的地震数据处理系统，教育方面的教学效果评价，计算机算法编程中的数学语言等。

由于数学在现实生活中的广泛应用，"数学是一种工具"的认识已深入人心。实际上，数学有两种品格，其一是工具品格，其二是文化品格。而在人类社会发展的过程中，数学的工具品格愈来愈突出，且愈来愈受到人们的重视。在实用主义观点日益盛行的思潮中，数学的工具品格是不会被人们淡忘的。相反，在一定程度上，数学的文化品格在今天已经不为广大教育工作者所重视，更不为广大受教育者所知，甚至到了只有少数数学哲学专家对其有所了解的地步。虽然当他们成为哲学大师或运筹帷幄的将帅后，可能会把学生时代学到的那些非实用性的数学知识忘得一干二净，但是那种铭刻于头脑中的数学精神和数学文化理念，却会长期地发挥着重要作用。也就是说，他们当年受到的数学训练，一直会在他们的生存方式和思维方式中潜在地起着根本性的作用，并且终身受用。这就是数学的文化品格、数学文化理念与文化素质教育的深远意义和至高无上的价值所在。

2.受过教育的人的特征

英国教育哲学家理查德·斯坦利·彼得斯指出，受过教育的人应具备以下四个基本特征：

第一，受过教育的人必须具备知识（而非技能），还必须能够理解知识背后的原理，所以一个受过教育的人不能仅仅具有一些专门的技能。比如，一个很出色的钳工、车工不一定是受过教育的人。受过教育的人必须掌握大量的知识或概念图式，这些知识或概念图式构成了他的认知结构。

第二，一个受过教育的人掌握的知识不是无活力的知识，这种知识应该能使受教育者形成一种推理能力，进而重新组织其已有的知识经验，并能改变他的思维方式和行动能力。因此，一个有知识的人如果不能使知识产生活力以改变自己的信仰和生活方式，那他就像放在书架上的百科全书，不能算受过教育的人。这就是说，教育意味着一个人的眼界经由他所认识的东西发生了改变。比如，一个人能在课堂上或考试中正确地给出有关历史问题的答案，在此意义上他算得上是一个通晓历史的人，但如果他的历史知识从来没有影响过他看待周围的社会、事物的方式的话，那么我们可能会说此人博学，但不会说他是一个受过教育的人。

第三，一个受过教育的人必须对各种类型的思维形式的内部评价准则有所信奉。一个人不可能真正地理解什么是科学的思维形式，除非他不但知道必须寻求证据以支持假设，而且知道什么东西可以被看作证据，以及证据的相关性、相容性等。

第四，一个受过一定训练的科学家并不一定就是一个受过教育的人。这并不是因为此人从事的科学活动毫无价值，也并不是因为此人不了解科学活动的原理，而是因为此人可能会缺乏一种认知上的透视力，即此人可能会以一种非常狭隘的眼光看待他正在从事的活动，未能意识到他所从事的活动与许多其他的活动之间的关联性，以及该活动在整个统一的生活方式中所处的地位。

从受过教育的人的特征中可以看出，一个真正受过教育的人应该体现为，其在真实的情景中能够应用学到的知识和技能，并将这种知识和技能转化为个人的思想和处理问题的能力。这给数学素质构成要素的研究带来的启示是：一个有数学素质的人应该拥有一定的数学知识和技能，不仅能够应用这些知识和技能，而且能够在应用中不断转变自己的思想和改进自己处理问题的方式。

3.数学素质与数学课程标准

无论是数学课程标准还是数学教学大纲，通常都这样描述数学素质：数学是人类文化的重要组成部分，数学素质是公民必须具备的一种基本素质。因此，数学课程标准中的数学素质应该是建立在文化基础之上的。也就是说，界定数学素质的前提是将数学看作一种文化。所以，考察人们（本书中的教师和学生）对数学文化的认识，有助于数学素质的分析框架的建立。

中国著名数学家徐利治认为，从文化的角度看，数学的思维方法的重要性充分体现在以下事实上，即大多数学生将来可能用不上较为高深的数学知识。然而，数学的思想方法有着十分广泛的普遍意义，即其不仅可以被用于数学的研究，而且可以被用于人类文化的各个领域。

数学文化研究者顾沛教授认为："'数学文化'课程虽然主要以知识为载体，却不以传授数学理论知识为主要目的，而是以教授数学思想为主，以提升学生的数学素养为主。现在的数学课，由于各种原因，常常采取重结论不重证明、重计算不重推理、重知识而不重思想的讲授方法。学生为了应付考试，也常以'类型题'的方式去学习、去复习。一个大学生，虽然从小学、中学到大学，学了多年的数学课，但大多数学生仍然对数学的思想、精神了解得比较肤浅，对数学的宏观认识和总体把握较差，数学素质较差；甚至误以为学数学就是为了会做题、能应付考试，不知道'数学方式的理性思维'的重大价值，不了解数学在生产、生活实践中的重要作用，不理解数学文化与诸多文化的交汇。"

北京大学数学科学学院教授张顺燕在《数学教育与数学文化》一文中写道："数学

不仅仅是一种工具，它更是一个人必备的素质。它会影响一个人的言行、思维方式等各个方面。一个人，如果他不是以数学为终生职业，那么他的数学素质并不只表现在他能解多难的题、解题有多快、数学能考多少分上，关键在于他是否真正领会了数学的思想、数学的精神，是否将这些思想融会到他的日常生活和言行中去。"因此，从文化的视角来看，数学素质应该包括数学知识、数学应用、数学思想、数学方法、数学思维和数学精神素质。

4.科学素质的构成对数学素质培养的启示

数学素质作为人们需要具备的主要的素质之一，与科学素质紧密联系，甚至是科学素质的重要组成部分。所以，分析科学素质的构成对于数学素质的培养极为重要。

公民应具备的基本科学素质一般指公民应了解必要的科学技术知识，掌握基本的科学方法，树立科学思想，崇尚科学精神，并具有一定的应用它们处理实际问题、参与公共事务的能力。这是《全民科学素质行动计划纲要（2006—2020）》（简称《科学素质纲要》）对科学素质的内涵做出的定性表述。

我们通常通过"科普"来提高公众的科学素质。"科普"分三个层次，最浅的层次是普及技术，包括实用技术、新技术和高技术。较深的层次是普及科学，包括科学知识、科学方法。如果说普及技术旨在提高人们变革世界的能力、改善人们的生活质量的话，那么普及科学则是要提高人们认识世界的水平。核心的层次则是普及科学思想、科学观念和科学精神。科学思想的核心就是规律意识和理性精神，科学精神则具体表现为探索精神、实证精神、创新精神和独立精神，它表达的是一种敢于坚持科学思想的勇气。

可是多年来，我们比较容易接受表面层次的技术成果，却常常忽略对技术之母——科学的探索和研究，更忽视了对科学之母——科学思想、科学观念和科学精神的传播。而对一个民族来说，科学思想才是最重要的，它是照亮人类心灵的灯塔。

从上述研究中可以看出，科学素质包括五个方面：科学知识、科学方法、科学思想、科学精神和科学应用能力。而基于目前的科普研究的现状，在高校数学教学中，我们更应该关注科学方法、科学思想和科学精神这三个方面的数学素质培养。

（二）数学素质的五个要素

从信息社会对数学素质的需求特征，我国颁布的科学素质框架、数学课程标准，以及国内外对数学素质分析框架的研究可以发现，数学素质由五个要素构成：

1.数学知识素质

任何素质的产生都离不开知识，同样数学素质的产生也离不开数学知识。数学知识素质是数学的本体性素质，只有在学习数学知识以及应用数学知识的过程中，人们才能培养数学素质。没有数学知识，数学素质就是无源之水、无本之木。国内外数学素质研究者一致认为，只有在数学知识素质的基础上才能拓展、形成数学素质。

2.数学应用素质

关注知识的应用是任何教学活动都重视的一种价值追求。正如捷克教育家夸美纽斯所认为的："凡是所教的都应该当作能在日常生活中应用并有一定用途的去教。这就是说，学生应当懂得，他们所学的东西不是从某个乌托邦取来的，也不是从柏拉图式的观念借来的，而是我们身边的事实之一，他们应当懂得适当地熟识它对生活是大有用处的。这样一来，他们就可以得到长进。"美国教育家杜威认为："一个人必须懂得数学概念发生作用的那些问题和数学概念在研究这些问题中的特殊用处，才能算是有数学概念的人。如果仅仅懂得数学上的定义、法则、公式等，就像懂得一个机器的各部分的名称而不懂得它们有什么用处一样。"

由上述论述可知，数学应用素质是反映数学素质的重要方面，个体数学素质的其他方面都是通过在现实情境中对数学的应用来体现的。

3.数学思想方法素质

数学本身就是一种重要的思想方法，甚至数学知识就是一种重要的方法。英国数学家怀特海指出："数学知识对人类的生活、日常事务、传统思想以及整个社会组织等都将产生巨大的影响，这一点完全出乎早期思想家的意料，甚至一直到现在，数学作为思想史中的一个要素，实际上应占什么地位，人们的理解还是摇摆不定的，假如有人说要编著一部思想史而不深刻研究每一个时代的数学概念，就等于在《哈姆雷特》这一剧本中去掉了哈姆雷特这一角色。"

中国数学教育家张奠宙先生将数学方法分为四个层次：第一，基本的和重大的数学思想方法，如模型化方法、微积分方法、概率统计方法、拓扑方法、计算方法等。它们决定了一个大的数学学科方向，构成了数学的重要基础。第二，与一般的科学方法相对应的数学方法，如类比联想、综合分析、归纳演绎等。第三，数学中特有的方法，如数学等价、数学表示、公理化、关系映射反演、数形转换等。第四，数学中的解题技巧。

从这个角度看，当前数学教学主要注重第四个层次，对其他层次的重视程度相对较弱。中国当代数学家、教育家史宁中先生指出："至今为止，数学发展所依赖的思想在本质上有三个：抽象、推理、模型，其中抽象是最核心的。通过抽象，在现实生活中得到数学的概念和运算法则，通过推理使数学得到发展，然后通过模型建立数学与外部世界的联系。"从这个方面看，当前高校数学教学缺乏这三个思想，而这三个思想正是数学与现实生活紧密联系的关键。

数学思想方法表现为主体对数学中蕴涵的科学方法和数学中特有的方法的掌握和在真实的情景中的应用。数学思想方法包括：一般的科学方法，这些科学方法是数学中体现的科学思想方法，如演绎、归纳、类比、比较、观察、实验、综合、分析等；数学特有的方法，如化归、数学模型等。

4.数学的思维素质

教育的本质是思维的培养，培养学生的思维素质是当代教育的主要目标之一。美国教育家贝斯特说："真正的教育就是智慧的训练。学校总要教些什么东西，这个东西就是思维能力。"美国教育家杜威认为："学习就是要学思维""教育在理智方面的任务是形成清醒的、细心的、透彻的思维习惯"。思维的重要性在于：一个有思维能力的人，其行动出于长远的考虑。它能使我们深思熟虑之后再行动，以便达到最终的目的，或者说指挥我们的行动以达到现在看来还很遥远的目的。所以，在高校数学教学中培养学生的思维能力具有重要意义。

思维方式有不同的划分方法：①每个民族都有自己特有的思维方式。②不同信仰的人考虑问题的方式也不一样。③研究不同学科和从事不同职业的人，也常常会逐渐形成各自特有的思维方式。人们常常从特定的角度出发，从特定的思维框架出发去看待世界，因而思维方式也就各不相同，特别是根据不同的学科形成不同的学科思维素质。

学者们对数学思维素质的重视可以追溯到古希腊。古希腊哲学家柏拉图认为："算学对我们来说实在是必要的，因为它显然会迫使我们的心灵使用纯粹思维，以达到真理。"古罗马教育家昆体良认为，几何学对儿童是有教学价值的，因为大家公认几何学能锻炼儿童的心智，提高他们的才智，使他们的理解力灵敏起来。美籍匈牙利数学家波利亚强调"解题要学会思考"和"教会学生思考"，并认为这里的"思考"包括两个方面：其一，"有目的的思考""创造性的思考"，也就是"为了'解题'而思考"；其二，既包括"形式的"思维，又包括"非形式的"思维，即"教会学生证明问题，甚至也教他们猜想问题"。他进一步说明"教会思考"意味着教师不但应该传授知识，而且应当培养学生运用所学知识的能力。

中国著名数学教育家张奠宙教授指出："引用数学的立场、观点、态度和方法去处理成人生活、经济管理与科技发展中的理论和实际问题也许是数学素质中根本的一点。"

美国著名数学教育家舍费尔德教授曾这样说："现在让我回到问题解决这一论题。尽管我在 1985 年出版的书中用了'数学解题'这样一个名称，但我现在认识到这一名称的选用不很恰当。我所考虑的单纯的问题解决的思想过于狭隘了。我所希望的并不仅仅是教会我的学生解决问题——特别是别人提出的问题，而是帮助他们学会数学的思维。不用说，问题解决是构成数学思维的一个重要部分，但这并不是全部的内容。在我看来，数学的思维意味着：①用数学家的眼光去看待世界，即具有数学化地提出问题的倾向：构造模型，将问题符号化、抽象化，等等。②具有成功地实行数学化的能力。"所以，数学的思维素质就是指学生在真实的情景中，从数学的角度理解和把握面临的真实情境并加以整理、寻找其规律的过程，也叫数学化，也就是数学地组织现实世界的过程。这里需要指出的是，数学思维是针对数学活动而言的，它是通过对数学问题的提出、分析、解决、应用和推广等一系列工作，获得对数学对象（空间形式、数量关系和结构模式）的本质和规律性的认识过程。

5.数学精神素质

德国教育家雅斯贝尔斯在《什么是教育》一书中指出："教育过程首先是一个精神成长的过程，然后才成为科学获知过程的一部分。"这就是说，在数学教育中，数学精神素质的生成是数学教育中数学素质的最高层次。然而，数学精神的生成却是数学教学中最容易被忽视的部分。也就是说，在我们的数学教学中，对数学精神的教育与研究尚未引起应有的重视，相当多的数学教师不懂得什么是数学精神，更谈不上用数学精神铸造学生高尚的人格。不少学生在数学学习中，会解题、能考试，却缺乏理性精神；唯书、唯师、唯上，却缺乏求真与创新精神；有追求，敢实践，却不知反思和自省。这种在数学工具论指导下的形式主义的数学教学，既影响了学生的综合素质，又影响了学生的专业水平。

美国数学家莫里斯·克莱因在他的著作《西方文化中的数学》中指出："从最广泛的意义上说，数学是一种精神，一种理性的精神。正是这种精神，激发、促进、鼓舞并驱使人类的思维得以运用到最完善的程度，也正是这种精神，试图决定性地影响人类的物质、道德和社会生活；试图回答人类自身存在的问题；努力去理解和控制自然；尽力去探求和确立已经获得的知识的最深刻和最完美的内涵。"

数学精神包括一般的科学精神、人文精神和数学特有的精神。

首先是一般的科学精神。我们通常把近代以来科学发展所积淀形成的独特的意识、理念、气质、品格、规范和传统称为科学精神。一般而言，科学的整体可以分为科学知识体系、科学研究活动、科学社会建制和科学精神四个层面。科学精神通过前三大层面映射出来，体现了哲学与文化意蕴，是科学的灵魂。科学精神蕴涵在科学思想、科学方法和科学的精神气质之中。科学精神的气质主要包括普遍性、公有性、无私利性、独创性和有条理的怀疑主义。科学精神的具体内涵主要有：求真精神、实证精神、怀疑和批判精神、创新精神、宽容的精神、社会关怀精神。

其次是人文精神。人文精神是指以人为本、以人为中心的精神，体现为揭示人的生存意义，体现人的价值和尊严，追求人的完善和自由发展的精神，包括自由精神、自觉精神、超越精神和人的价值观等。在数学教育中，科学的人文精神包括：严谨、朴实、理智、自律，诚实、求是，勤奋、自强，开拓、创新，宽容、谦恭等。实际上，科学精神和人文精神是不可分割的，两者只有结合起来才能良性发展。

有学者认为，数学精神是人们在几千年数学探索实践中所创造的精神财富。它积淀于数学史、数学哲学及数学本身。确切地说，所谓数学精神，指的是人们在数学活动中形成的价值观念和行为规范。数学精神的内涵十分丰富，主要有数学理性精神、数学求真精神、数学创新精神、数学合作与独立思考精神等。

最后是数学特有的精神。日本著名数学教育家米山国藏认为："贯穿在整个数学中的精神包括活动于解决实际问题中的数学精神；数学的精神活动的诸方面（包括：在数学中应用化的精神；扩张化、一般化的精神；组织化、系统化的精神，研究的精神，致力于发明发现的精神；统一的建设的精神；严密化的精神；'思想的经济化'的精神）。"数学精神素质是指学生在真实的情景中表现出来的从数学的角度求真、质疑、求美和创新的特征。实际上，科学精神并不神秘。每当我们在现实生活中冷静、理智地思考问题、处理问题时，我们就具有了某种科学精神。简单地说，就是客观的态度，有条理的方法。

上述讨论将数学素质包含的五个层次的要素之间的关系阐述得非常明确：数学知识素质是数学的本体性素质，数学应用素质、数学思想方法素质、数学的思维素质和数学精神素质是在数学知识素质的基础上拓展出来的。数学素质最终要通过主体在真实的情景中表现出来，只有在数学应用中才可以体现出主体的数学素质的其他层面。所以，只有通过主体处理问题，并且是具有真实情境的问题以及数学应用的行为才可以判断主体显现出来的不同层面的数学素质。

第二节 高校学生数学素质的生成

瑞士心理学家皮亚杰在《发生认识论原理》中指出："新结构—新结构的连续加工制成是在其发生过程和历史过程中被揭示出来的——既不是预先形成于可能性的理念王国中，也不是预先形成于客体之中，又不是预先形成于主体之中。"数学素质在数学活动中产生；不是他人传授的，而是学生在数学学习中逐渐地自然生成的。所以，对数学素质的生成机制的分析是极为重要的。

一、数学素质生成的特征

从动态生成的角度看，数学素质的生成具有过程性、超越性和主体性特征。

（一）数学素质生成的过程性

生成性思维表明，生成是一个过程，是一个从无到有的过程。数学素质的生成同样是一个过程，是主体在已有数学活动经验的基础上，在数学活动中，经历、体验、感悟和反思数学应用、数学思想方法、数学的思维以及数学精神，形成一种综合性特征，并将这种结果在真实的情景中表现出来的过程。所以，数学素质有"生"和"成"两个过程。"生"的阶段主要是学生的学习阶段，关键在于学生主动、积极地参与数学学习的过程，在数学学习中逐渐形成对数学本质的科学认识，掌握数学知识和数学思想方法，养成数学的思维习惯以及培养数学的精神。这个过程依赖主体对数学过程的体验、感悟、反思，是主体积极主动参与的过程。而在数学素质的"成"的阶段中，需要主体把已有数学素质的"生"的结果表现在自身的活动、行为中，需要主体在真实世界中，能够有数学精神，用数学的思维或眼光审视现实世界，选取数学的思想方法来分析自己面临的实际问题，积极应用相关数学知识与技能来解决问题，并以数学精神来审视问题解决的结果是否符合现实问题情境。从主体的活动的角度看，数学素质的生成过程是主体体验、感悟、反思和表现的过程。从内容看，数学素质的生成过程是主体把数学活动的结果（包括知识和经验以及主体对数学的体验、感悟和反思的结果）转化为真实情景中的表现的过程。

（二）数学素质生成的超越性

数学素质的提高在于数学活动经验的积累。但是不同于数学经验，数学素质一旦形成，将超越数学经验以及数学知识和技能的学习范围。正如著名数学家徐利治教授指出的，具有较高数学素质的人不仅掌握了一定的数学知识和技能，更具有较强的数学思维能力，能够数学地观察世界、解决问题。

数学素质的超越性是指它能够超越自身的原有水平而不断达到更高的层次。具体来说，主体在学习数学知识的基础上，通过现实情境实现数学应用素质的提升、数学思想方法的掌握以及数学的思维习惯养成，最终形成数学精神。在这个过程中，数学素质的构成要素不断转换，必将超越原有的数学素质。数学素质的超越性决定了数学教学中数学素质生成的可能性。

（三）数学素质生成的主体性

所谓主体性，就是作为现实活动的主体的人为达到自我目的而在对象性活动中表现出来的把握、改造、规范、支配客体和表现自己的能动性。从数学本身来看，由于数学是从人的需要中产生的，是一种人类活动，因此作为认识成果的数学就不可避免地体现出认识主体的主体性，留有认识主体的思想痕迹。数学素质的生成离不开人，与数学知识的客观性相比，数学素质更具有主体性，这种主体性体现在个体的数学经验、数学活动、对数学的领悟与反思等方面。皮亚杰指出："整个认识关系的建立，既不是外物的简单摹本，也不是主体内部预先存在的独立显现，而是主体与外部世界在连续不断的相互作用中逐渐建立起来的一个结构集合。"在数学素质生成的过程中需要发挥主体的主动性、积极性和自主性。

二、数学素质的生成机制

"机制"一词在不同的学科中有不同的含义，但其基本的含义都是事物的组成部分、组成部分的关系以及这些组成部分之间的相互作用及其运作方式、运作过程和运作结果等。所以，对数学素质的生成机制，我们应该系统地分析其生成过程、组成因素、这些因素是怎样联系的以及这个机制最终是怎样形成的。

系统论也告诉我们，要了解一个系统，首先要进行系统分析。一是要弄清系统是由哪些部分构成的；二是要确定系统中的元素或成分是按照什么样的方式联系起来，并形成一个统一的整体的；三是要进行环境分析，明确系统所处的环境和系统的功能、服务的对象，系统和环境如何互相影响、环境的特点和变化趋势。所以，系统地分析数学素质的生成机制有助于揭示数学素质的生成过程，为有关数学素质生成的教学研究奠定理论基础。

下面主要从数学素质生成的基础、外部环境、载体、环节、标志等角度对数学素质的生成机制进行系统分析：

（一）数学素质生成的基础：主体已有的数学经验

生成学习理论表明：人们在生成对所感觉到的信息的意义时，总是涉及其原有的认知结构，学习的过程就是学习者将原有的认知结构与从环境中接收的信息或新知识相结合，主动地选择信息并积极地生成信息意义的过程。英国哲学家洛克认为："我们的全部知识是建立在经验上面的；知识归根到底都是导源于经验的。"美国教育家杜威认为，学校教育在能够通过符号这一媒介完全地传达事物和观念以前，必须提供许多真正的情境，个人参与这个情境，领会材料的意义和材料所传达的问题。从学生的观点看，他们所取得的经验本身就是有价值的；从教师的观点看，这些经验是提供了解利用符号进行教学所需要的教材的手段，又是唤起其对用符号传达的材料的虚心态度的手段。由此可以看出，经验是一切学习活动的基础。经验通常指感觉经验，即人们在同客观事物接触的过程中，通过感觉器官获得的关于客观事物表面现象和外部联系的认识，有时也泛指人们在实践中获得的知识。

什么是数学经验呢？在哲学上，数学经验可划分为三种类型：①直接来自现实问题的数学经验，即在数学理论出现之前和应用于现实之后，人们对其现实原型的性质进行分析探索，从研究现实的量的关系中积累的经验。②间接来自现实问题的经验，即在认识数学自身问题的过程中积累起来的，具有一定抽象性质的，从研究作为思想事物的量的关系中获得的经验，有些数学家称之为拟经验或理性经验。③在数学学习过程中积累起来的经验。获得这种经验的过程，实质上重演了前人研究数学时积累经验的过程。当然学习中的经验更精练、更系统、更易于接受，但在启发性方面，往往不如历史上的经验那样深刻。

在数学教育中，数学经验是指主体所经历的一切与数学有关的活动经验以及主体在教学活动中形成的个人信念，包括以下几个方面：

1.学习数学之前就已经形成的经验

最初的数学概念带有很明显的人类经验的痕迹。在教育中，在学生尚未接触某一数学概念之前，他的生活中就已经有了某一数学概念，并且学生已经形成了一种用生活经验理解某一数学概念的习惯。或者说，学生原有的数学概念是建立在自己的生活经验的基础上的。学生被看作是根据目标指引积极搜寻信息的施动者，他们带着丰富的先前知识、技能、信仰和概念进入正规教育学校，而这些已有经验极大地影响着他们对环境内容以及环境组织和解释方式的理解。因此，教师需要注意学生原有的不完整理解、错误观念和对概念的天真解释对其所学科目的影响。

2.学习数学的过程中形成的经验

在学习数学的过程中，学生在数学教师的引领下会逐渐形成数学活动经验。这种经验因数学教师的教学方式和学生学习方式的差异而不同。如果数学教师在数学教学中过分强调公式和定理的记忆，学生形成的数学学习经验就是死记硬背公式。如果数学教师在数学教学中强调质疑、猜想、发现、证明，学生就会体验到质疑、猜想、发现、证明的乐趣，从而形成与之相对应的数学经验。

3.学习数学之后形成的经验

在数学学习之后形成的数学经验包括数学知识与技能、数学活动经验、数学观念以及数学的思维习惯等。此时，个体的数学经验已经具有综合性、外显性、个体性等特点。这些经验为数学素质的生成提供了独特的个人框架，形成了组织和吸收新知识的概念，把新知识与已有概念整合起来便生成了数学素质。人人都体会得到，对那些曾经寄托了自己的情感、意念后获得的经验是最刻骨铭心的，常常是终生难忘的，因为那是最可能融于自身的，或者说它真正成为一种素质了。也就是说，这种经验对素质发展有最实在、最深刻的影响。所以，主体已有的数学活动经验是数学素质生成的基础。这也表明数学素质的生成离不开主体已有的数学活动经验，而且数学活动经验也是数学素质的重要组成部分。在数学素质生成的过程中，尊重和充分挖掘学生的数学活动经验成为促使其数学素质生成的先决条件。

（二）数学素质生成的外部环境：真实情境

教育现象学表明，教育是教学、培育的活动。从更广泛的意义上讲，教育是与孩子相处的活动，这就要求施教者（即教师）在具体的情境中不断进行实践活动。教育学存在于具体、真实的生活情境中。从系统的角度看，任何系统都是在一定的环境中产生的，又是在一定的环境中运行、延续、演化的，不存在没有环境的系统。数学素质的生成需要一定的环境，数学素质生成的环境决定了数学素质的"生"与"成"。

数学素质的生成是在数学活动中实现的，指向在真实的情境中对数学知识与技能的运用，并逐步形成数学思想方法以及数学的思维和数学精神素质。因为，如果思维不同实际的情境发生关系，不是合乎逻辑地从这些情境中产生，进而求得有结果的思想，我们就永远不会搞发明、做计划，或者永远不会知道如何解决困难和做出判断。所以，真实情境既是数学素质生成的环境，又是数学素质表现的载体。

数学素质生成的情境不仅仅是主体对一个个问题的解答，更为主要的是主体在真实的情景中，从数学的角度理解情境、把握情境，在合理理解情境的过程中展示自己的数学素质。

（三）数学素质生成的载体：数学活动

无论是知识的获取还是知识意义的生成，都与主体所从事的学习知识的活动有关，数学素质的生成依赖主体所从事的数学活动。较早阐述数学活动的是苏联数学教育学家斯托利亚尔。他在《数学教育学》中写道："从对数学教学中积极性的狭义理解出发，我们把数学教学的积极性概念作为具有一定结构的思维活动来理解，这种思维活动叫作数学活动。"

到底什么是数学教学的积极性概念呢？斯托利亚尔指出："在教学过程中，学生的积极性是掌握知识的自觉性的前提。如果缺乏积极的思维活动，就不能自觉地掌握知识。数学教育学不能是听任学生在积极的思维活动和单纯的死记硬背之间进行自由选择的两头教学，它应当是以全体学生的积极思维活动为基础的、积极的数学教学。"

从上面的论述中我们可以看出，在数学教学中有两种积极性活动：广义积极性活动和狭义积极性活动。在数学教学中的广义积极性活动，与学生在其他学科教学过程中的积极性活动没有本质的区别。它是一般的思维活动。狭义积极性活动是带有数学特点的，是具有一定结构的思维活动。斯托利亚尔把数学活动分为三个阶段：①借助观察、试验、归纳、类比和概括，积累事实材料（可称为经验材料的数学描述，也可称为具体情况的数学化）；②从积累的事实材料中抽象出原始概念和公理体系，并在这些概念和体系的基础上建立理论（可称为数学材料的逻辑组织化）；③应用理论形成模型（也指数学理论的应用）。

因而，我们可将数学活动看作按照下列模式进行的思维活动：①经验材料的数学组织化；②数学材料（在第一阶段的数学活动中积累的）的逻辑组织化；③数学理论（在第二阶段的数学活动中建立的）的应用。因此，数学活动是再发现或有意义地接受数学真理、有逻辑地组织主体用数学方法得到数学材料，在各种具体问题上应用理论并发展理论的过程。数学活动是主体积极主动地学习数学，探索、理解、掌握和运用数学知识与技能，形成数学能力，经历数学化过程的数学认知活动。与一般活动不同的是，学生能在数学活动中经历"数学化"的过程。这里的学习是以数学思维为核心的，包括理解、体验、感悟、反思、交往、表现和实践等多种方式的学习，是数学认知结构的形成和发展过程，其实质是数学思维活动。以上内容表明，数学活动是数学素质生成的主要载体，只有在数学活动中，主体才有机会体验数学、感悟数学和反思数学，并在具有应用数学的真实情境中，通过数学活动使自己的数学素质表现出来。可以说，没有数学活动，数学素质就是空中楼阁。

（四）数学素质生成的环节：体验、感悟、反思和表现

现象教育学把知识学习理解为一种动态过程，认为只有通过体验和理解才能形成知识。生成学习理论认为，学习是一个主动的过程，学习者是学习的主动参与者，大脑并不是被动地学习和记录输入信息，而是有选择地注意大量的信息或者有选择地忽视某些信息，并主动构建输入信息的解释和意义，从中得出推论。数学素质的个体性和数学素质生成的主体性表明，数学素质的生成离不开主体对数学活动的参与数学。这些参与表现为主体在数学活动中的体验、感悟、反思和在真实情景中的表现，是数学素质生成的关键环节。

1.体验

体验是指参与特定的数学活动，主动认识或验证学习对象的特征，获得经验。实际上，"体验"一词，在不同的学科中有不同的含义。在哲学，特别是在生命哲学中，体验是指生命存在的一种方式，它不是外在的、形式性的东西，而是指一种内在的、独有的、发自内心的和生命、生存相联系的行为，是对生命、对人生、对生活的感触和体悟。在心理学中，体验是指一种由诸多心理因素共同参与的心理活动。体验这种心理活动是

与主体的情感、态度、想象、直觉、理解、感悟等心理功能密切结合在一起的。在体验中，主体不只是去认知、理解事物，还通过发现事物与自我的关联而产生情感反应和态度、价值观上的变化。

学生在学习数学的过程中，通过对数学本质属性的认识，亲身感受数学的抽象性、数学的广泛应用性。这里强调的是学生在学习过程中的主动体验，强调学生的亲身体验，强调学生的亲历性。荷兰著名数学教育家弗赖登塔尔指出："如果不让他有足够的亲身体验而强迫他转入下一个层次，那是无用的，只有亲身的感受与经历，才是再创造的动力。"

中国当代教育家张楚廷对体验和素质的观点有：①体验是在与一定经验的关联中发生的情感融入与态度生成，它是包括认知在内的多种心理活动的综合。②体验的价值在于使人在必然的行动中超越行动，在不可缺少的物质基础上、在永远存在的变化之中感悟到永久。体验产生的不只是观念、原理，还有情感、态度与信仰。③良好的素质是一种内在之物，它的形成有一个内化的过程，既有认知心理也有非认知心理在起作用，必须经过体验才能到达人的心灵的最深处。④教学过程不但是一个特殊的认识过程，而且是一个特殊的感受和体验的过程，教学不仅要使学生认识到，还要让学生感受到、体验到。⑤学校和教育者的责任不仅在于让学生深入地认识到体验的作用，而且在于创造良好的条件，以便于学生体验，便于他们的体验朝着积极的方向发展。

数学体验的生成决定了其他数学学习行为的发生和保持。主体在数学学习活动中的良好体验是数学素质生成的起始环节。在数学活动中的体验有：①数学发现和数学发现的体验。数学发现是指学生在现实情境中，寻找数学化的关系，独立提出数学问题或者理解现实情境。在这个过程中，学生要体验数学与现实生活的紧密联系，体验数学在现实生活中的广泛应用，体验"数学思维"。数学发现通常就是我们所说的"再创造"，是已有数学知识的再发现过程。学生在这个过程中要体验数学家工作的过程，以及在数学发现中一些数学思想方法的作用。②数学思想方法的体验。数学思想方法可以分为两个方面：数学中的科学方法和数学特有的方法。前者是科学研究通用的方法，如归纳、演绎、类比、综合、分析等；后者主要包括公理化、数形结合、数学模型等。③数学审美的体验。从数学角度体验简洁美、和谐美、奇异美等。④数学精神的体验。从数学的角度质疑、求真、求美、创新等。

2.感悟

感悟就是有所感触而领悟或者醒悟，是在认知、理解、体验的基础上的自我觉醒，是一种综合性的生活形式，它包含认知、理解、体验。从心理学的角度看，感悟既有感性认识的成分，又有理性认识的成分，还有直觉的成分；既有理智的成分，又有情感的成分；既是认识的过程，又是实践的过程。感悟是人的自我意识的内在活动，它从来就不可能被给予。感悟是一种境界，只有发挥主体性作用的人，才能在处理与自然事物、社会事务的关系的过程中有所感悟。没有主体性的人，就很难有感悟。

数学感悟来自数学活动，是指通过对数学的接触和体验形成的对数学活动的认识，不仅包括学习数学的方法、数学知识的应用、数学技巧的掌握、数学活动的过程等，还包括对数学本质的领悟。在数学学习中，"悟"很早就被中国古代数学家所提出。我国古代数学家刘徽就在《九章算术》中说："徽幼习《九章》，长再详览。观阴阳之割裂，总算术之根源，探赜之暇，遂悟其意。"

由于不同的学习者对数学活动的参与程度不同、体验程度不同，其形成的对数学感悟的差异也比较明显。但是，必须明确的是，数学感悟不是教出来的，是在教师的引导下自然、自发地形成的，是在数学体验的基础上形成的。因此，学生参加的数学活动对其形成数学感悟极为重要。

学习数学，从练习中获得的感悟最深。不过，多练的前提是要掌握好基础知识。多练要有讲究，不要专挑有挑战性的题目练，基础题也应适时多练，这样做对学生的好处是：①便于巩固所学知识，使之不易遗忘。②便于由易到难，使学习富有逻辑性。③能够熟练地解决考试时的基础题，为准备考试赢得时间，为解决稍难或很难的题目打下基础。多练便会碰到许多不懂的问题，这时不要直接去问老师或同学，而应该先把这些问题归类，看它属于哪种类型。如果这样还是没有思路的话，再去请教老师或同学，但不要每道题都去问，这样可以起到既省时又能总结知识点的作用。多练的过程中一定会出现许多解题错误或方法错误，最好的方法是把错的题目收入错题集，也就是在错的题目或无从下手的题目中选出具有代表性的题目，将其集中在一个本子上，并不时地翻开看看，有时也可重新做做这些题。这样便于巩固一些经典的解题方法，也可以巩固许多知识，还能起到强化的作用。解答一个题目，不仅要关注结果，更应关注其解题过程，在碰到一些好的题目、难的题目时，可以写下它的分析过程。这样时间久了，再翻看，则便于记忆和理解。

但是，需要注意一点，在数学教学中过于强调数学题目的练习必然会导致学生对数学的感悟具有片面性。如果学生对数学的感悟只来源于多练，就会阻碍其数学素质的生成，因为数学素质强调在真实情境中学生的数学精神、数学思维、数学思想方法、数学应用和数学知识素质的表现的重要性。所以，在数学活动中对数学形成感悟是数学素质形成的必要环节，学生只有感悟到数学与现实生活之间的紧密联系，从数学的角度思考现实生活中的问题的重要性时，才会在现实或者真实情境中应用数学知识与技能，并从不同层面促进数学素质的生成。

3.反思

反思也称反省。在西方哲学中，反思通常指精神（思想）的自我活动和内省方式。英国哲学家洛克认为反思（反省）用以指知识的两个来源之一。反思是心灵以自身的活动为对象，进行反观自照，并通过感觉形成内部经验的心理活动。对事物的反思，就是对事物的思考。恩格斯在批判形而上学时指出："这些对立和区别，虽然存在于自然界中，可是只具有相对意义，相反地，它们那些想象的固定性和绝对意义——只不过是由我们的反思带进自然界的。"反思还表现在思考自己的思想、自己的心理感受，描述和理解自己体验过的东西，即自我意识。

数学素质的生成离不开反思。荷兰著名数学教育家弗赖登塔尔指出："反思是数学思维活动的核心和动力""通过反思才能使现实世界数学化"。美籍匈牙利数学教育家波利亚也说："如果没有反思，他们就错过了解题的一次重要而有效益的方面。"我国学者涂荣豹提出了反思性数学学习，认为反思性数学学习就是通过对数学学习活动过程的反思来学习数学。可以帮助学生从例行公事的行为中解放出来，帮助他们学会学习数学，可以使学生的数学学习成为有目标、有策略的主动行为，可以使学习成为探究性、研究性的活动，提高学生的创造力，有利于学生在学习活动中获得个人体验，使他们变得更加成熟，促进他们的全面发展。

所以，反思不仅仅是一种结果，更是一种过程。在数学素质生成的过程中，反思是学生在体验、感悟的基础上对数学活动的思考，是学生在数学活动中对自己经历的数学活动过程的反思，包括反思自己的学习行为、反思自己的数学体验和感悟。除此之外，还包括"对自己的思考过程进行反思，对活动涉及的知识进行反思，对涉及的数学思想方法进行反思，对活动中有联系的问题进行反思，对题意理解过程进行反思，对解题思路、推理过程、运算过程、表述的语言进行反思，对数学活动的结果进行反思"。

4.表现

一个人的言和行是其表现自身素质的重要途径。实际上，表现与内在情感活动有关，表现即内在情感的外部体现。

在数学学习中，表现是指在对数学进行体验、感悟、反思的基础上，在真实的情境中把体验、感悟和反思的结果表现出来，就是要由内而外，将个体内在的良好素质充分地外化出来，让别人（包括表现者本人）能够清晰、具体地感受到，直观、形象地观察到。

表现是指将数学素质充分表现出来，并用于理解现实情境或者解决现实情境中存在的问题，它是数学素质生成的最后环节，也是最为关键的环节。表现不出来的就不是数学素质，也就是说知识与能力没有转化为素质，即人们通常说的"有知识，没素质"。实际上，"课程知识不仅仅是用来'储藏'以备未来之用的，也是用来改变学习者的当下的人生状况的。学习了科学知识，就应当有科学的生活态度；学了社会知识，就应当提高自己的社会交往能力和实践能力；学习了人文知识，就应当对人的存在、价值和意义有新的认识和理解"。也就是说，数学学习的结果就是要使人的思想和行为的表现有所变化，通过这种表现来展示自身的数学素质。

正如有学者描述的那样，一个有数学素质的人常常表现出如下特点：在讨论问题时，习惯于强调定义（界定概念），强调问题存在的条件；在观察问题时，习惯于抓住其中的（函数）关系，在微观（局部）认识的基础上进一步做出多因素的全局性（全空间）考虑；在认识问题时，习惯于将已有的严格的数学概念，如对偶、相关、随机、泛函、非线性、周期性、混沌等概念广义化，用于认识现实中的问题。能否生成数学素质就要看学生在真实的情景中是否有所表现。数学素质的生成需要学生将对数学活动进行体验、感悟和反思的结果，在解决具有真实情境的问题的过程中表现出来。所以，表现环节决定了数学素质的最终生成。

可以说，体验、感悟、反思和表现四元素构成了一个环形的网状关系。其中，数学素质的生成从学生对数学的体验开始，这种体验包括学生的数学活动经验，学生有了经验才可能有感悟、反思和表现的内容。感悟最初来源于学生的数学活动体验，学生在体验中感悟数学活动；同时，自己在真实情景中的表现也是学生感悟的一个重要方面。总的来说，反思既有对数学体验的反思，也有对数学感悟的反思，更有学生对自身在真实情景中的表现的反思。表现是数学素质生成的最终环节，是数学素质超越的起始环节，表现的内容是对数学体验、感悟、反思的结果。表现也是数学体验、感悟和反思的主要内容。通过在真实情景中的表现，学生将会获得体验并验证自己的感悟和反思，从而更新自己体验、感悟和反思的结果。基于以上分析，我们可以发现体验、感悟、反思和表现是数学素质生成的重要环节。

（五）数学素质生成的标志：个体成为数学文化人

数学素质的最终生成会体现在个体的身上，其标志是个体成为有教养的数学文化人。所谓文化就是以"文"化"人"。数学是一种文化，个体在学习过程中会发生文化内化的现象。其中，个体文化内化是指特定文化圈中的个体，在一定的社会文化教化和熏陶之下，将文化的模式内化为心理过程，形成自己的独特模式。在这个过程中，数学素质的生成效果受特定文化条件和个体主观条件的影响。

在数学学习过程中，主体通过体验、感悟、反思结果以及在真实情境中表现出综合性特征，最终成为数学文化人。一个数学文化人应具有的综合性特征如下：

第一，一个具有数学素质的人，具有数学所具有的科学精神和人文精神，即从数学的角度置疑、求真、求美、求善以及实事求是的精神，表现为数学地、理性地理解、分析面临的情境。

第二，一个具有数学素质的人能从数学的角度分析面临的情境，并试图将其数学化，从而抽象出数学。

第三，在确定数学关系之后，就会选择合理的数学思想方法去处理问题。

第四，最终表现为调动或者选择合理的数学知识与技能，并给出一个具体的解决办法。

第五，具有数学素质的一个显著特点是，把这种结果合理地与情境联系起来，校正解决问题的方案，使之符合现实情境。

所以，一个人具有数学素质的依据不仅是其有数学知识，更为重要的是，其在掌握数学知识的基础上，具有数学精神，并能够从数学的角度思考问题，选取合适的数学思想方法和数学知识、技能以及数学工具。

基于上述分析，我们可以得出数学素质生成的基础与源泉是学生已有的数学经验；数学素质的生成需要具有真实情境的问题；数学素质的生成以数学活动为载体，并需经历体验、感悟、反思和表现等环节，最终以成为数学文化人为标志。这个生成过程具有过程性、超越性和主体性特征。

第三节 高校学生数学素质培养的现状及影响因素

一、我国高校学生的数学素质

（一）从数学素质的综合性来看

从数学素质的综合性来看，我国高校注重数学知识的教学，而忽视学生数学素质的全面生成。

数学知识是数学素质的主要内容之一，但不是数学素质的全部。我国高校学生在记忆型问题上的解答能力优于联系型问题和反思型问题。记忆型问题要求学生回想已有的数学知识与技能，进行常规性的运算，对数学公式及其性质进行回忆。而联系型问题和反思型问题注重的是学生的数学思想方法素质、数学的思维素质和数学精神素质的表现。联系型问题要求学生从数学的角度理解、解释和说明自己与情境紧密联系的数学表征，这种表征实际上就是数学的思维素质以及数学的思想方法素质。另外，我国高校学生对数学知识的记忆明显优于对数学知识与现实情境的联系以及反思。我国高校学生比较缺乏数学美以及数学思想方法方面的知识，原因就在于我国高校数学教师大多缺乏数学思想方法和数学美知识。而如果没有数学美的知识，那么欣赏数学美就是一句空话。从数学知识领域来看，数学知识领域之间的差距不大。因此可以看出，我国高校注重数学知识的教学，而忽视学生数学素质的全面生成。

（二）从数学素质的境域性来看

从数学素质的境域性来看，我国高校学生注重数学知识与技能的常规应用，而忽视数学知识与技能在真实的、多样化的、开放性的问题情境中的应用。

数学素质的境域性强调数学素质生成中情境的重要性。新一轮数学课程改革强调知识与现实生活的紧密联系，并在数学教学中引入了大量的数学应用题目，在一定程度上有助于学生数学应用素质的提高。但是，我国高校学生比较擅长数学知识与技能的常规应用。例如，给出数学公式后，按照要求代入公式以解决问题等，却不擅长在具有真实的、开放的、多样化特征的问题情境中应用数学知识与技能。这一结果与美国特拉华大学数学与统计学院教授蔡金法的研究结果是一致的，中国高校的学生在不同的任务上有不均衡的表现——在那些考察计算技能和基础知识的任务上的表现要优于在那些需要解决复杂问题的任务上的表现。

（三）从数学素质的生成过程来看

从数学素质的生成过程来看，我国高校注重数学问题的解决，而忽视在此过程中对学生的引导以及对学生数学体验、感悟、反思和表现的引领。

数学素质的生成依赖数学教学过程。通过对数学学习结果的反思可以发现，我国高校数学教学注重数学知识的变式训练，包括教材中大量的纯粹数学知识与技能的变式训练、与之配套的练习册中的纯粹数学知识与技能的变式训练，而不注重学生在教学过程中的体验、感悟和反思。可以说，我国高校学生缺少良好的数学体验，缺乏对问题解决过程的理性反思和感悟。学生不能很好地从数学的角度有根据地解释和说明自己的判断。这一结果与蔡金法先生的研究结果是一致的，蔡金法先生通过研究中美两国高校学生数学思维的特征发现，中国高校学生在计算阶段的表现胜过美国高校学生，但在意义赋予阶段的表现不如美国高校学生。另外，中国高校学生在计算阶段的任务成功率明显高于他们在意义赋予阶段的任务成功率。

（四）从数学素质生成的课程资源来看

从数学素质生成的课程资源来看，我国高校注重课堂教学，忽视对学生在社会生活中的数学应用能力的培养。数学素质要求学生在真实的情境中表现出具有数学素质的行为，而具有真实情境的问题需要学生走入现实社会生活才能找到答案。然而，我国高校数学教学内容中缺乏来自现实生活的情境问题。

二、影响高校学生数学素质生成的教学因素及其分析

尽管数学教学不是促进数学素质生成的唯一因素，但是高校学生数学素质的生成却离不开教学。当然，数学素质的生成更离不开主体，即高校学生。下面主要分析高校学生学习数学的动机、信念与态度、学习策略、学习方式以及教师的帮助、师生关系和学习风气对学生数学素质生成的影响，以期有助于相关教学策略的构建。

（一）学习动机对数学素质生成的影响

学习数学的动机包括学习数学的兴趣和应用数学的动机。大量的研究证实，学习动机对学习有推动作用。一般来说，具有较强的学习动机的学生，其学习成绩一般较好；反过来，较好的学习成绩也能增强学生的学习动机。学习数学的兴趣和应用数学的动机与数学素质呈正相关，但相关性不显著。甚至有些调查结果显示，部分厌恶数学的学生，却保持着较高的数学素质。数学学习兴趣与应用数学的动机之间存在显著的相关性。在数学素质生成的过程中，学生学习兴趣的培养有助于激发学生应用数学的动机；反过来，应用数学的动机增强以后，又有助于学生学习兴趣的培养。所以，我们有必要探讨一个问题，即提高学生的数学学习兴趣和增强学生应用数学的动机是否可以促进学生数学素质的生成。

（二）学习数学的态度和信念对数学素质生成的影响

学习数学的态度和信念包括数学自我效能感、数学自我概念和数学焦虑。数学素质与数学自我效能感、数学自我概念、数学焦虑存在显著的相关性，数学自我效能感和数学自我概念呈现显著的正相关，但和数学焦虑呈现负相关。研究表明，提高学生的数学自我概念的水平有助于提高学生的学业成绩，数学自我概念可以通过一系列干预方法加以改变，改变学生的数学自我概念是提高学生数学成绩的重要途径。所以，有必要考虑增强学生的数学自我效能感和数学自我概念、减轻学生的数学焦虑是否有助于学生数学素质的生成。

（三）学习数学策略对数学素质生成的影响

学生的学习策略包括记忆策略、加工策略、控制策略等。记忆策略主要指学生将数学知识与一些过程储存为长时记忆或短时记忆的策略。加工策略是指在新旧知识之间建立起联系的策略。控制策略是指学生对自身学习过程的调控和计划。研究表明，数学素质与记忆策略呈现负相关，而与加工策略和控制策略呈正相关，特别是与控制策略呈显著的正相关。这也表明数学素质的生成不是通过记忆来实现的。所以，我们在进行数学素质生成教学的过程中应注重改进学生的记忆策略，引导学生提升自己的知识加工能力和自我监控能力。

（四）学习数学的方式对数学素质生成的影响

按照学习过程中的组织方式，学习数学的方式可以分为合作学习和独立学习（或者竞争性学习），不同的学习方式对学生有不同的影响。所以，有必要研究学生学习数学的方式与其数学素质生成之间的关系。研究表明，数学素质与竞争性学习呈正相关，而与合作性学习呈负相关。所以，在推动学生数学素质的生成的过程中，应该注重两种学习方式的结合运用。

（五）师生关系、教师的帮助和学习风气对数学素质生成的影响

师生关系、教师的帮助和学习风气一直是影响学生数学学习效果的重要因素，和谐的师生关系和良好的学习风气一直是优秀学习活动的促进剂。研究表明，数学素质的生成与教师的帮助呈负相关，而与师生关系和学习风气呈正相关，特别是与学习风气呈显著的正相关。因此，相对教师的帮助和学习风气来说，民主和谐的师生关系更为重要。

（六）影响数学素质生成的教学因素之间的相关性

教学是一个整体性的活动，所以既要分析影响数学素质生成的教学因素（简称"影响因素"）及其与数学素质生成的关系，又要分析影响因素之间的关系。研究表明，各影响因素之间的相关性如下：

师生关系与教师的帮助、学习风气、数学学习兴趣、使用数学动机、数学自我效能感、数学自我概念、记忆策略、加工策略、控制策略、竞争性学习以及合作性学习呈显著的正相关，而与数学焦虑呈显著的负相关。

教师的帮助与师生关系、学习风气、使用数学动机、数学自我效能感、加工策略和控制策略呈显著的正相关，而与数学焦虑呈显著的负相关。

学习风气与教师的帮助、使用数学动机、数学自我效能感、加工策略、控制策略呈显著的正相关，而与数学焦虑呈显著的负相关。

数学学习兴趣与师生关系、使用数学动机、数学自我效能感、记忆策略、加工策略、控制策略、竞争性学习和合作性学习呈显著的正相关，而与数学焦虑呈显著的负相关。

使用数学动机与师生关系、教师的帮助、学习风气、数学学习兴趣、数学自我效能感、数学自我概念、记忆策略、加工策略、控制策略、竞争性学习以及合作性学习呈显著的正相关，而与数学焦虑呈显著的负相关。

数学自我效能感与师生关系、教师的帮助、学习风气、数学学习兴趣、使用数学动

机、数学自我概念、记忆策略、加工策略、控制策略、竞争性学习以及合作性学习呈显著的正相关，而与数学焦虑呈显著的负相关。

数学自我概念与师生关系、数学学习兴趣、使用数学动机、记忆策略、加工策略、控制策略、竞争性学习、合作性学习呈显著的正相关，而与数学焦虑呈显著的负相关。

数学焦虑与师生关系、教师的帮助、学习风气、数学学习兴趣、使用数学动机、数学自我效能感、数学自我概念、记忆策略、加工策略、控制策略、竞争性学习、合作性学习呈显著的负相关。

记忆策略与师生关系、数学学习兴趣、使用数学动机、数学自我概念、加工策略、控制策略、竞争性学习以及合作性学习呈显著的正相关,而与数学焦虑呈显著的负相关。

加工策略与师生关系、教师的帮助、学习风气、数学学习兴趣、使用数学动机、数学自我效能感、数学自我概念、记忆策略、控制策略、竞争性学习、合作性学习呈显著的正相关，而与数学焦虑呈显著的负相关。

控制策略与师生关系、教师的帮助、学习风气、数学学习兴趣、使用数学动机、数学自我效能感、数学自我概念、记忆策略、加工策略、竞争性学习、合作性学习呈显著的正相关，而与数学焦虑呈显著的负相关。

竞争性学习与师生关系、数学学习兴趣、使用数学动机、数学自我效能感、数学自我概念、记忆策略、加工策略、控制策略、合作性学习呈显著的正相关，而与数学焦虑呈显著的负相关。

合作性学习与师生关系、数学学习兴趣、使用数学动机、数学自我效能感、数学自我概念、记忆策略、加工策略、控制策略、竞争性学习呈显著的正相关，而与数学焦虑呈显著的负相关。

第四节 培养高校学生数学素质的教学策略及教学建议

一、高校学生数学素质培养的教学策略

（一）以具有真实情境的问题为驱动，指向数学素质的各个层面

从数学素质的构成内容来看，数学素质包括数学知识素质、数学应用素质、数学思想方法素质、数学思维素质和数学精神素质。我国高校的数学教学现状是：注重数学知识的教学，忽视数学素质的生成；注重学生对数学知识与技能的常规应用，忽视学生对数学知识与技能在真实的、多样化的、开放性的问题情境中的应用；注重学生对数学问题的解决，忽视学生对问题的解决以及对数学的体验、感悟、反思和表现能力的引领；注重课堂教学，忽视学生在社会生活中应用数学的实践教学。所以，要想培养高校学生的数学素质，教师必须以具有真实情境的问题为驱动，让学生在真实情境中以应用数学知识与技能为核心，在学生应用数学知识与技能的过程中引领其形成数学精神素质、数学思维素质、数学思想方法素质和数学知识素质。

具有真实情境的问题是指将数学真实地与现实世界结合起来，凸显数学在现实世界中的作用，使学生建立数学与现实生活之间的联系的问题。荷兰著名数学教育家弗赖登塔尔指出："讲到充满着联系的数学，我强调的是联系亲身经历的现实，而不是生造的虚假的现实，那是作为应用的例子人为地制造出来的，在算术教育中经常会出现这种情况。"因此，在培养数学素质的教学中，教师应该以具有真实情境的问题为驱动。

具有真实情境的问题能够使学生真实地体验、感悟和反思数学在现实生活中的作用。而且在处理具有真实情境的问题的过程中，学生能够表现自身的数学精神素质、数学思维素质、数学思想方法素质、数学应用素质和数学知识素质。

杜威提出的"从做中学"的教学过程特别强调：第一，学生要有与他的经验真正相关的情境，也就是要有一个正在继续的活动，学生是由于对这种活动本身有兴趣才参与活动的；第二，要在这种情境中产生真正的问题，以引起学生的思考；第三，学生必须具有一定的知识和进行必要的考察，以处理这种问题；第四，对自己所想到的各种解决问题的方案，学生应负责将它有序地加以引申和推演；第五，学生要有机会通过应用去

检验自己的各种观念，把它们的意义弄清楚，使自己发现它们是否有效。

当前数学教学发展的两种模式：一种是认知心理学模式，指向数学理解；另一种是社会文化模式，通过让学习者成为一名数学实践共同体的成员，帮助其进行思考。社会文化模式的数学教学追求的主要目标在于使数学成为解决问题的强有力的工具，使学习者成为数学的实践者。数学公理、数学逻辑和推理方法要在解决现实世界中存在的问题的过程中彰显其意义。这种追求不仅远远超越了传统的程式化数学教学，就是与"做数学"相比也有不少独到之处，因为社会文化模式的数学教学要培养的是实践中的数学思维。所以，学生只有在具有真实情境的问题中，才会面临选择，如对不同方案的抉择、质疑、反思、联系，而不是追求唯一正确的答案。在数学教学的过程中，教师需要使学生真实地体验和感受到数学与现实生活之间的紧密联系，而且学生首先感受到的应该是情境的真实性。如果情境不真实，就会使学生对数学与现实生活之间的紧密联系产生怀疑。

数学素质生成的实践指向性表明，数学素质的生成活动是在认识真实世界、解决现实问题、完成真实世界的任务中进行的。因而，数学素质的生成是在认识数学与真实世界之间的联系的过程中实现的。正如著名美籍德裔数学家柯朗所指出的："当然，数学思维是通过抽象概念来运作的，数学思想需要抽象概念的逐步精炼、明确和公理化。在结构洞察力达到一个新高度时，重要的简化工作也变得可能了……然而，科学赖以生存的血液与其根基又与所谓的现实有着千丝万缕的联系……只有这些力量之间相互作用以及它们的综合才能保证数学的活力。"也就是说，"归根到底，数学生命力的源泉在于它的概念和结论，尽管其极为抽象，却仍如我们坚信的那样，它们从现实中来，并且在其他科学中，在技术中，在全部生活实践中都有广泛的应用，这一点对理解数学是最重要的"。所以，无论是获取数学知识，还是理解数学；无论是数学思想方法的获取，还是数学思维的激发，都离不开学生对具有真实情境的问题的处理。

真实情境问题具有真实性和开放性的特点，具备生成数学素质的条件。创设一个学习环境，首先必须明确需要学习什么，行为发生时世界情境是什么。接着，选择其中一个情境作为学习活动的目标。这些活动必须是真实的：它们必须涵盖学习者在真实世界中将遇到的大多数认知需求。

所以，在数学教学中，教师需要引导学生通过参与真实的活动的方式进行探究性学习，从而使学生在真实的活动中建构知识的意义，从各个层面生成数学素质。所谓真实的方式，就是要求学生如同真实世界中的实践者一样，在主动探索、实践反思、交流提高的过程中获得知识，使学生能够在"再创造"中体验数学家经历的苦恼、克服过程中的困难以及成功后的喜悦，并感悟和反思数学的思想方法、数学思维和数学精神的生成过程。

（二）以多样化的数学活动为载体，引领学生体验、感悟、反思和表现

"课堂教学应该关注成长中的人的整个生命。对智慧没有挑战性的课堂教学是不具有生成性的；没有生命气息的课堂教学也是不具有生成性的。从生命的高度来看，每一节课都是不可重复的激情与智慧综合生成的过程。"所以，在培养学生的数学素质的过程中，教师需要设计多样化的数学活动，以引导学生进行体验、感悟、反思和表现。

1.数学发现的体验、感悟与反思

数学学习是一个观察、实验、猜测、计算、推理、验证的学习过程。在这个过程中，教师设计的数学发现活动应该突出学生的经历和体验，引导学生体验和感悟数学的发现过程，使学生在这个过程中既有对数学问题的体验、感悟和反思，也有对数学知识进行"再创造"的体验、感悟和反思。在这个过程中，要强调数学家的工作的特点，也要强调学生的"再创造"，让学生明白自己的"再创造"工作和数学家的工作在本质上是一样的，这会使学生理解数学家的工作。因为，知道并理解数学家工作也是生成数学素质的一个重要环节。

数学的发现是数学研究中最有价值的研究，正如物理学家爱因斯坦所言："提出一个问题往往比解决一个问题更重要，因为解决一个问题也许仅仅是一个数学上或者实验上的技能而已。而提出新的问题、新的可能性，从新的角度去看旧的问题，却需要有创造性的想象力，而且标志着科学的真正进步。"从数学史的角度看，数学的发现推动了数学的研究发展。数学的发现主要有两个方面：一是现实世界中数学关系的发现，现代日益增多的应用数学分支就足以说明这个问题；二是数学问题、定理或者猜想的发现。

教师需要用有价值的数学问题引出重要的数学概念，并巧妙地吸引学生来思考和解决这些问题。问题选得恰当，有利于激发学生的好奇心，从而使他们喜欢上数学。数学问题可能和学生的现实经验有关，也可能来自纯数学内容。不管情境如何，有价值的数学问题都应该是能吸引学生的，需要认真思考才能解决的。所以，在数学教学中，教师可以从两个方面设计数学问题：

（1）数学知识的发现。相对现实生活中数学关系的发现而言，引领学生发现数学知识比较容易，因为对学生来讲，这是"二次发现"或者"再创造"。因此，在数学教

学中,教师呈现给学生的不应该是静态的数学知识,而应该是数学知识产生的背景——数学情境。教师通过创设数学情境,和学生共同经历数学知识的发现、体验、感悟和反思过程,使学生在学习数学的过程中实现对数学知识的"再创造",重走数学家发现数学知识之路,从而实现对数学知识的真正理解。

(2)现实生活中数学关系的发现。通过阅读论文或者专著可以知道,数学在现实生活中有广泛的应用,这一点是不容置疑的。但是,真正使学生体验到数学在现实生活中被广泛应用的例子并不是很多。我们认为,教师在日常教学中很少给学生发现现实生活中的数学关系的机会,是导致这一现象的直接原因。所以,设计来自现实生活中的数学应用的例子就成为数学教学的关键。设计这类案例的目标在于,使学生亲身体验从数学的角度理解情境、选取合适的数学思想方法,并用数学知识与技能解决问题的过程,感悟数学与现实生活的紧密联系,反思如何在现实生活中应用数学知识与技能。

实际上,"思考的活动不是在获得课程内容之后才出现的,而是成功的学习过程的一部分,因此课程内容必须能够'挑动'思考的灵感,即使是在最不起眼、最基本的课堂教学情境中,这样的内容亦可启发学生思考"。

2.数学成功的体验、感悟与反思

影响数学素质生成的因素表明,学生的数学自我效能感和数学自我概念与数学素质具有显著的相关性,数学成功的体验不但能使学生对数学产生兴趣,而且有助于学生形成自我概念,提高学生的自我效能感,反之亦然。数学成功包括问题解决的成功,也包括数学问题发现的成功和实际生活问题"数学化"的成功。

美国著名心理学家班杜拉在1981年通过研究发现,那些对数学毫无兴趣、数学成绩特别差的学生,在经过一段时间的训练后,成绩和自我效能感都显著地提高了,而且班杜拉发现他们的自我效能感与数学活动的内部兴趣呈明显的正相关。国内也有研究者通过实验研究发现,自我效能感不但与学习成绩呈正相关,而且在教学实践中也能通过一定的方法和措施改变和提高这种正相关。有关自我效能感和学业成就的研究表明,在以下几种情况中,学生在学校的成绩会得到提高,自我效能感也得以增强:①采用短期目标更容易看到进步;②教学生使用特定的学习策略,如列提纲或写总结,有助于学生集中精力;③不仅要根据参与情况,还要根据行为表现来给予奖励,因为给予行为表现奖励标志着被奖励者能力的提高。体验成功,并在体验的基础上感悟和反思,对学生数学素质的提升极为重要。

3.数学审美的体验、感悟和反思

数学审美的体验、感悟和反思是数学素质生成所需的情感因素之一。因为独特的审美感对提升数学创造力具有重大的价值。法国数学家庞加莱曾描述过数学家所体验到的那种真正的美感："只是一种数学的美感，一种数和形的和谐感，一种几何的优美感。"所以，对数学审美的体验、感悟和反思，有助于学生生成数学素质。

让学生能够审美或者能够体验、感悟和反思数学美的前提是使学生知道"数学美是什么"，即"要获得审美的精神享受，就要有审美的修养。没有必要的审美修养，就不可能具有审美的能力，就不可能获得应有的审美享受"。一般认为，科学美的表现形态有两个层次，即外在层次与内在层次。按照这两个层次可以把科学美分为实验美与理论美（或称内在美、逻辑美）。实验美主要体现在实验本身的结果的优美和实验中使用的方法的精湛上。理论美主要体现在科学创作中借助想象、联想、顿悟，通过非逻辑思维的直觉途径提出的新的科学假说，经过优美的假设、实验和逻辑推理而得到的简洁明确的证明以及一些新奇的发明或发现上。理论美的范畴有：和谐、简单和新奇。

数学美隶属于科学美，所以具有科学美的属性与特点。由于数学在抽象程度、逻辑严谨性以及应用广泛性上，都远远超过了一般的自然科学，所以数学美又具有其自身的特征。从数学发展史上看，"无论是东方还是西方，在古典数学时期，表现出来的数学美主要都是以均衡、对称、匀称、比例、和谐、多样统一等为特征的数学形态美以及数学语言美，但都是外层次的、低层次的；没有论及数学的内在美（神秘美），或论及甚少而且又很肤浅。17世纪以后，特别是20世纪开始，数学界对数学理论的审美标准有了比较一致的看法：统一性、简单性、对称性、思维经济性"。无论是按照数学美的内容，将其分为结构美、语言美与方法美；还是按照数学美的形式，将其分为形态美与神秘美，其基本特征均为：简洁性、统一（和谐）性、对称性、整齐性、奇异性与思辨性。

在数学教学中，教师要结合数学教材内容进行审美知识的介绍以及数学审美的引领，只有这样才能够使学生知道"什么是数学美"和"怎样从数学的角度审美"。正如中国著名数学教育家罗增儒教授指出的："数学教学与其他一些突出欣赏价值的艺术不同，它首先要求内容的充实、恰当，这是前提，在这个基础上还要花大力气去展示数学本身的简单美、和谐美、对称美、奇异美。这是讲授魅力最本质的因素，也是艺术发挥的最广阔空间。从教材中感受美、提炼美，并向学生创造性地表现美，应该是教师的基本功。"比如，对数学的简洁美，我们经常提到"化简"，但是很少向学生说明，这就是追求简洁美的一个过程。在解题方法教学中，我们可以渗透简洁美的教育。具体来说，我们可以通过以下几个方面寻找更美的数学解："①看解题时多走了哪些思维回路，通过删除、合并来体现简洁美。②看能否用更一般的原理去代替现存的许多步骤，以体现解题的奇异美。③看能否用更特殊的技巧去代替现有的常规步骤，以体现解题的奇异美。④看解题过程是否浪费了更重要的信息，以便开辟新的解题通道。"

可以看出，数学美是生成数学素质的重要因素，学生只有体验到数学美、感悟到数学美的真谛、反思数学审美结果，才有可能从数学的角度思考，才有求真、求美的过程。这是数学思维素质和数学精神素质生成的关键。

4.多样化的数学学习方式的体验、感悟和反思

数学素质的生成离不开教师在教学过程中对学生的学习方式的设计和引领，而且数学素质的生成也离不开学生的学习。从影响数学素质生成的因素中可以发现，学生的学习方式与数学素质的生成是呈正相关的。所以，多样化的数学学习方式的体验、感悟和反思的引领有助于学生数学素质的生成。当我们只强调一种狭隘的理性认知模式时，我们的教学重心就发生了转变，因为我们没有学会如何去看、去听、去感知，也就是说没有学会如何表达我们的感受。而数学素质的生成环节表明，数学素质的生成需要教师设计有助于学生体验、感悟、反思以及表现的过程。

按照学生参与的特点（是不是主动的、积极的以及自主的），学生的学习方式可以分为自主学习和他主学习；按照内容的呈现方式，可以分为接受性学习和探究性学习；按照组织方式，可以分为合作性学习和独立性学习，或者合作性学习与竞争性学习。新一轮基础教育课程改革倡导自主、合作、探究的学习方式。实际上，同一种学习方式对年龄段不同、学习内容不同以及学习特点不同的学生的作用是不同的，这与学生的自身特点有直接关系。但是，学生需要体验不同的学习方式，并从不同的学习方式中获得不同的发展。自主学习的特点是积极的、主动的、自我监控的、非依赖性的，而生成数学素质的主体性要求学生积极地、主动地、自我监控地学习数学。

探究性学习的特点是问题性、探究性、过程性、开放性。在数学素质的生成中，探究性学习有助于学生形成从数学的角度思考问题、探究问题、解决问题的习惯，并有助于学生在这个过程中生成数学精神素质、数学思维素质、数学思想方法素质以及数学应用素质。而我国高校学生在数学学习中虽不缺乏竞争性学习的体验，却缺乏合作性学习的体验。教师在数学素质的生成教学中应该强调两种学习方式的使用，特别是在合作学习中，应该注重学生之间的交流。关于我国高校学生的数学素质现状的调查表明，我国

高校学生不擅长解释和说明自己的思维过程和解决问题的方法。从影响数学素质生成的教学因素之间的相关性可以发现，数学素质的生成与竞争性学习和合作性学习呈显著的正相关。所以，多样化学习方式的设计有助于学生数学素质的生成。

5.数学思想方法、数学思维和数学精神的体验、感悟和反思

根据有关调查可知，我国大多数公民对基本科学知识的了解程度较低，在科学精神、科学思想和科学方法等方面更为欠缺。而数学素质中蕴涵了一般的科学精神、科学思想和科学方法。我国高校学生数学素质的现状调查表明，与数学应用素质相比，学生的数学思想方法素质、数学思维素质以及数学精神素质更为缺乏。所以，从不同层面进行数学素质的生成教学能够使教学策略更具针对性。

日本著名数学教育家米山国藏认为：在给学生讲授数学定理、数学问题时，与其着眼于把该定理、该知识教给学生，还不如从教育的角度让学生利用它们：①启发、锻炼学生的思维能力（主要是推理能力、独创能力）。②教给学生发现问题中蕴含的定理、法则的方法及其练习技巧。③教给学生捕捉研究题目的着眼点以及鼓励学生研究。④使学生了解，在杂乱的自然界中，存在着具有美感的数量关系，从而培养学生对数学的兴趣。⑤再通过应用数学知识，使学生了解数学的作用，同时，通过应用所得的数学知识，培养学生对数学的兴趣，推进学生的数学精神活动。

南京大学哲学系教授郑毓信指出，我们不应以数学思维方法的训练和培养去取代数学基本知识和技能的教学，而应将思维方法的训练和培养渗透于日常的数学教学活动之中，也即应当以对思想方法的分析去带动、促进具体数学内容的教学。因为，只有这样，我们才能真正把数学课"讲活""讲懂""讲深"。所谓"讲活"是指教师应通过自己的教学活动为学生展示活生生的数学研究工作，而不是死的数学知识；所谓"讲懂"是指教师应当帮助学生真正理解有关数学的内容，而不是任学生囫囵吞枣，死记硬背；所谓"讲深"是指教师不仅应该使学生掌握具体的数学知识，而且也应该帮助学生学会"数学地思维"。

关于我国高校学生学习现状的调查显示，我国高校学生缺乏学习数学的方法，没有形成数学的思维习惯以及勇于质疑的态度。从数学素质的生成机制的讨论中可以发现，数学素质生成的源泉和基础是数学的活动经验（包括知识）。所以，要想学生生成各个层面的数学素质，就必须使学生具有与之对应的数学活动经验，让学生在数学活动中体验、感悟和反思这些活动经验的形成过程，把这种体验、感悟和反思的结果表现在真实的情景中。

为此，在数学教学设计中，教师首先要引导学生发现与要生成的数学素质对应的数学思想方法、数学的思维以及数学精神相关的知识。在当前的高校数学教学中，很多教师虽然都在渗透数学思想方法，但却没有明确地说明这些数学思想方法及其特点、使用的方法与步骤，导致学生对该数学素质只有模糊的体验，不利于学生数学思想方法素质的生成。

其次，在数学教学中，通过数学活动引领学生对这些活动经验进行体验、感悟和反思。

最后，通过设计真实的、具有开放性的数学活动促进学生数学素质的生成。苏联数学家亚历山大·雅科夫列维奇·辛钦在强调培养学生的思维素质时，描述了学生体验完整的论证的教学过程："在研究数学时，学生首次在自己的生活中遇到论证的要求，这使学生感到惊奇。对学生来说，论证似乎是不必要的。但日复一日，他们逐渐习惯于此了。"他认为，好的教师能使论证更快、更有成效地完成。他教自己的学生相互评议，当其中一名学生在全班同学面前证明某个东西或者解某个题的时候，其他同学应紧张地寻找可能用到的反驳理由并很快地表达出来。而被这种反驳所诘难的学生，当他使对方无法反驳的时候，就会不可避免地体验到胜利的喜悦。当然，不只在数学里，在任何其他场合的讨论中，他都会越来越多地、越来越努力地进行完备的论证。

所以，高校数学教师需要在数学教学中设计与数学素质各层面对应的综合性的数学学习过程。在这个过程中，学生要有与之对应的数学活动经验。教师在此过程中还要引领和激发学生的体验、感悟、反思和表现。

（三）以转变师生关系为手段，调整教师帮助和学生自主学习的方式

从影响数学素质生成的因素的分析中可以发现，数学素质的生成与教师的帮助呈现负相关，而与师生关系和学习风气呈现正相关，特别是与学习风气呈现显著的正相关。实际上，师生关系的设计包含教师的帮助和学习风气。所以，在教学中，教师应以转变师生关系为手段，调整教师帮助和学生自主学习的方式，使之有助于学生数学素质的生成。

1.教师指导与学生自我监控的调整

影响数学素质生成因素的研究表明，教师的帮助与学生的数学素质的生成情况呈现负相关。但是，学生数学素质的生成离不开数学教师的引领，而且教师是影响师生关系的重要因素。因此，在学生数学素质生成的过程中，教师要不断调整自己指导学生和学

生自主学习的方式，使学生的学习逐渐从"他主"走向"自主"。

数学素质生成的影响因素表明，学生的控制策略与学生的数学素质呈现显著的正相关。其他研究结果表明，学生的自我监控能力与学生的数学成绩具有显著的相关性，而且培养学生的自我监控能力有助于学生数学成绩的提高。在传统的数学教学中，"教师一讲到底"的教学方式以及教师过多的干预，在一定程度上剥夺了学生在数学活动中的独有的体验、感悟、反思和表现的机会，学生的学习依赖数学教师的"他主"。而自主学习的主要特点是学生具有自我监控能力。所以教师帮助的隐性化，以及对学生的自我监控能力的培养将会弱化教师的"一帮到底"的负面影响，强化学生自我监控的意识和能力，有助于学生数学素质的生成。而且，在以具有真实情境问题为驱动的数学教学中，教师不再单纯地讲授，而是与学生一道合作探究。在合作探究的过程中，教师必须引导学生形成自我监控的意识和能力。

美籍匈牙利数学家波利亚指出："教师最重要的任务之一是帮助他的学生。这个任务并不是很容易，它需要遵循时间、实践、奉献和正确的原则。学生应当获得更多的独立工作的经验。但是，如果把问题留给他（学生）一个人而不是给他帮助，或者帮助不足，那么他可能根本得不到提高。而如果教师帮助得太多，就没有什么工作留给学生了。教师应当帮助学生，但不能太多，也不能太少，这样才能使学生有一个合理的工作量。如果学生没有能力做很多，那么教师至少应当给他一些独立工作的感觉。要做到这一点，教师应当谨慎地、不露痕迹地帮助学生，最好是顺其自然地帮助学生。这样做，学生将学到一些比任何具体的数学知识更重要的东西。"

实际上，所谓"教学"是指教师引导、维持或促进学生学习的所有行为。它的逻辑必要条件主要有三个：一是激发学生学习的兴趣，即教师首先要调动学生的学习积极性，教学是在学生"想学"的心理基础上展开的；二是指明学生要达到的目标和要学的内容，即教师要让学生知道学什么以及学到什么程度，学生只有知道自己要学什么或者要学到什么程度，才会有意识地主动参与学习；三是采用学生易于理解的方式。

在数学素质生成的教学活动中，教师要通过对学生自我监控能力的培养和引领，使学生形成良好的自我监控能力。

2.师生关系民主平等化

影响数学素质生成的因素的研究表明，师生关系与学生的数学素质呈现正相关。但是，我国高校学生在师生关系上的得分较低，表明我国高校的师生关系有待改进。美国学者勒温及其同事的研究以及后续关于教师领导方式的经典研究表明，教师的领导方式分为专制型、民主型、放任自流型，三者对学生学业成绩的影响不是很大，但能对学生在学校中的一般社会行为、学生的价值观、学习风格产生深远的影响。例如，民主型教师领导的课堂中，学生喜欢同别人一道工作，互相鼓励，而且愿意独自承担某些责任；而放任自流型的教师领导的课堂中，学生之间没有合作，谁也不知道自己应该做些什么；专制型教师领导的课堂中，学生推卸责任是常见的事情，学生不愿与他人合作，学习思想明显松弛。现代脑科学研究表明，大脑皮质的活动状态主要有兴奋和抑制两种。学生在不适当的抑制状态下，由于信息传递和整合能力受到影响，不但难以接受教育、教学活动中的有用信息，而且大脑皮质也难以正常传递和处理信息。因此，数学素质的生成需要民主、平等的师生关系。

在数学教学中，以具有真实情境的问题为驱动的民主、平等的师生关系，能激发学生的探究和质疑的欲望。结论的开放性和多样性能改变了答案唯一的教学情境，激发学生的学习积极性，促进学生之间、师生之间的相互交流，从不同层面促进数学素质的生成。

3.教师的教学责任与学生的学习责任的调整

学习的责任心是指学习者对自己对社会应尽的义务和责任有充分的认识和体验，表现为学习者对学习目标和学习意义的认识以及由此产生的对学习的积极态度和敬业精神。传统的数学教学过分强调教师的角色转变而忽视了学生学习的责任心的激发，甚至鼓吹"没有教不好的学生，只有不会教的教师"。实际上，在影响数学素质生成的因素的分析中，我们发现控制策略与数学素质呈正相关，而教师的帮助与数学素质呈显著的负相关。所以在数学教学中，激发学生的责任心是数学素质生成教学中必须关注的问题。

教师每天的教学活动决定了他们的学生的学习效果。但培养学生的数学素质仅仅依靠数学教师是不够的，他们只是复杂的教学系统中的一个组成部分。

对学生来说，"数学学习是很刺激的，是给人以成就感的，有时也是很困难的。初、高中的学生应该通过认真地研究各种资料努力发现数学对象之间的关系，进而提高数学学习的效率。如果学生积极配合并把他们认为困难的地方告诉他们的教师，那么教师就可以更好地针对学生的困难设计教学方案。这种交流要求学生记录和修正他们的思维，并学会在数学学习过程中提出好问题。在课下，学生必须抽出时间学习数学。他们还必须学会利用网络资源来解答数学疑难问题。当学生开始有职业立项意识的时候，他们可以初步调查一下这些职业对数学的要求，并对自己所在学校提供的课程计划进行考察，以确定这些课程计划是否能够为其将来的职业做好准备"。

学习数学的责任感的培养有助于提高学生对数学作用的认识，会激发学生数学学习的积极性。如果学生意识不到学习数学的责任，不能把数学学习与自己的发展联系起来，数学素质就难以生成。换句话说，学生只有意识到数学在现实生活、科技发展以及自己将来职业选择中的作用，才会更努力地学习数学和应用数学，进而在学习和应用数学的过程中从不同层面生成数学素质。

（四）以真实的、多样化的、开放性的情境问题为工具，引导学生表现自身的数学素质

数学素质的境域性表明数学素质评价需要与之对应的真实情境。数学素质的综合性特点表明数学素质需要多元化的评价方式，而数学素质的外显性特征需要主体把数学素质表现出来。所以，创建适合学生表现数学素质的情境极为重要。

真实情境是指主体所面临的一种情境。在这里强调真实情境，是因为有些情境是不真实的，通常是为应用数学知识而有意创造的情境。数学素质教学现状调查结果表明，我国高校学生解答开放性问题的平均正确率落后于国际平均水平。而这一点与我国长期存在的数学问题的答案具有唯一性的现象有关，学生习惯于问题只有唯一的正确答案。所以，基于数学素质的特征，构建真实的、开放性的问题情境是评价数学素质的关键。

美国课程改革专家格兰特·威金斯认为真实的情境应符合以下标准：①是现实的。任务本身或教学设计能复制在现实情况下检验人们知识和能力的情境。②需要判断和创新。学生必须聪明并能够有效地使用知识和技巧解决未加组织的问题，比如拟订一个计划或解决方案时，不能只按照一定的常规程序，也不能机械地搬用知识。③要求学生"做"学科。不让学生背诵、复述或重复解释他们已经学过的或知道的东西。他们必须在科学、历史或者其他任何一门学科中有一定的探索行为。④重复或模仿成人接受"检验"的工作场所，公民生活和个人生活等背景。背景是具体的，包含特有的制约因素、目的和群体。⑤能够评价学生是否能有效地使用知识、技能来完成复杂任务。⑥允许学生利用适当的机会去排练、实践、查阅资料。需要指出的是，真实性问题要让学生亲自去发现。

二、培养高校学生数学素质的教学建议

（一）素质教育思想是进行数学素质培养的落脚点

数学素质的生成会影响数学教育的最终目标的达成情况，是数学教学从数学知识传授走向数学素质生成的一个关键性前提。也就是说，数学素质生成的教学策略不能"为素质而素质"。实际上，无论是素质教育的实施，还是数学教育本身的育人价值都表明：数学教育的最终目标是提高学生的数学素质，也只有提高学生的数学素质，才能使素质教育思想在数学教育中生根、发芽、成长。

通过对国内外相关文献的梳理和对有关数学教育的研究可以发现，培养具有数学素质的合格公民是数学教育改革的共同目标，而且学生的数学素质水平已成为国际大型教育组织评价各国教育状况的重要指标之一。仅仅通过解题训练来提高学生数学知识水平的传统数学教学理念和方法，越来越受到来自不同领域的挑战。

如美籍德裔数学家柯朗在《数学是什么》中指出的："两千多年来，人们一直认为每个受教育者都必须具备一定的数学知识。但是今天，数学教育的传统地位却陷入了严重的危机之中。而且遗憾的是，数学工作者是要对此负一定的责任的。数学教学有时竟演变成空洞的解题训练。解题训练虽然可以提高形式推导的能力，但却不能促进真正的理解与深入的独立思考。相反，那些感悟到培养思维能力的重要性的人，必然采取完全不同的做法，即更加重视和加强数学教学。"

中国著名数学家丁石孙指出："使每个人都能受到良好的数学教育，这是远远没能解决的问题。从某种意义上讲，这是个世界性问题。如果把这个问题局限于研究每个人应该掌握哪些数学知识和技能，以及如何把这些东西教好，那么数学教育的问题是解决不好的。更为根本的问题是弄清楚数学在整个教育中的地位与重要性，或者说得更为广泛一些，就是要弄清楚数学在整个科学文化中的地位和重要性。"

有学者认为："要学好数学，不等于拼命做习题、背公式，而是要着重领会数学的思想方法和精神实质，了解数学在人类文明发展中所起的关键作用，自觉地接受数学文化的熏陶。只有这样才能从根本上体现素质教育的要求，并为全民思想文化素质的提高夯实基础。"

综上所述，在数学教学中，教师要从学生已有的数学活动经验出发，面向全体学生，在数学活动中关注学生的体验、感悟、反思和在解决具有真实情境的问题中的表现，激发学生学习的积极性、主动性和自主性，全面体现素质教育的思想。所以，我们在数学教育中要关注学生数学素质的生成情况，只有这样，才会使素质教育思想在数学教育中得以实施和落脚。

（二）数学素质的内涵与构成要素是数学素质培养的着眼点

上文通过梳理和分析国内外关于数学素质的定义及其构成要素的分析框架，结合我国高校数学教育的现状，得出了数学素质具有境域性、个体性、综合性、生成性和外显性等特征的结论。数学素质可以表述为：主体在已有数学经验的基础上，在数学活动中通过对数学的体验、感悟和反思，在真实情境中表现出的一种综合性特征。数学素质应该包括数学知识、数学应用、数学思想方法、数学思维以及数学精神五要素。其中，数学知识素质是数学的本体性素质，数学应用、数学精神、数学思维和数学思想方法是数学的拓展性素质。这一表述明确了数学素质教学的出发点、数学素质的教学过程以及数学素质的教学评价问题，而且数学素质的内涵蕴涵了当前数学教育中的四维目标（知识与技能、数学思考、解决问题、情感与态度）。

（三）数学素质的生成机制是数学素质培养的立足点

数学素质的生成具有过程性、超越性、主体性等特征。本文从教育学的角度，对数学素质生成的基础、外部环境、载体、环节、生成标志等构成数学素质生成机制的几个方面进行了系统分析。由此可知，数学素质生成的基础和源泉是主体已有的数学活动经验；数学素质强调学生在真实的情景中的表现，真实情境必然是数学素质生成的外部环境；数学素质的生成以数学活动为载体；数学素质的生成依赖主体对数学的体验、感悟、反思和表现等环节；数学素质生成的最终标志是个体成为"数学文化人"。这是数学素质生成的教学立足点。

（四）数学素质的现状和影响因素是数学素质培养的切入点

我国高校数学教学中学生数学素质的培养状况：从数学素质的整体性来看，注重对数学知识的教学，忽视学生数学素质的全面提升；从数学素质涉及的情境来看，注重学生对数学知识与技能的常规应用，忽视学生对数学知识与技能在具有真实的、多样化的、开放性的问题情境中的应用；从数学素质的生成过程来看，注重教导学生解决数学问题，忽视对学生解决问题以及对数学的体验、感悟、反思和表现能力的引领；从数学素质生成所需的课程资源来看，注重课堂教学，忽视对学生在社会生活中的数学应用能力的引领。所以，培养数学素质的教学必须从我国高校学生数学素质的现状和相关影响因素切入。

（五）培养数学素质的教学策略是数学素质培养的出发点

本部分基于数学素质生成机制和数学素质的现状、影响数学素质生成的因素以及教学策略的特征，初步构建了培养数学素质的教学策略，即以具有真实情境的问题为驱动，注重不同层面数学素质的生成；以多样化的数学活动为载体，引领学生体验、感悟、反思和表现；以转变师生关系为手段，调整教师的帮助方式和学生的自主学习方式；以真实的、多样化的、开放性的情境问题为工具，激发和引导学生培养数学素质；等等。实践表明，数学素质生成的教学策略对学生数学素质的培养具有显著的影响。所以，数学素质的培养教学可以从以上教学策略着手。

第四章 高校学生数学思维能力培养

第一节 数学思维概述

一、数学思维的内涵

（一）思维的含义

人类科学的发展史，也是思维的发展史。随着人们对思维现象及其规律的研究的不断深入，思维科学不但已经发展为一门独立的科学，而且已经渗透到心理学、哲学、逻辑学、控制论和信息论等许多学科中。

从心理学的角度分析，思维是一种特殊的心理现象。所谓心理现象，就是人脑对客观事物的能动反映。思维是人脑对客观事物的本质属性和内在联系的一种概括的、间接的反映过程。从思维科学的角度审视，作为理性认识的个性思维分为三种：抽象（逻辑）思维、形象（直觉）思维和特异思维（灵感思维、特异感知或特异活动中的思维）。

从哲学的认识论角度分析，人的认识过程一般可以分为感性认识阶段和理性认识阶段。感觉、知觉和表象属于感性认识阶段。在这个阶段，人们只能获得对事物的表面认识。而思维则是在感性认识的基础上进行的理性认识，是对感性认识的概括和升华，属于认识的高级阶段。正是在这个理性阶段，人们通过分析、综合、抽象、概括、比较、分类等思维活动，研究出事物的本质及内容的规律性。

从逻辑学角度分析，思维的主要形式是概念、判断和推理。概念是事物的本质属性的反映，由概念组成判断，由判断组成推理。判断和推理不仅反映了事物的本质，还反映了事物的内在联系与相互作用。因此，思维反映的是事物的本质属性、事物的内在联系和内部的规律性。

可见，思维是人脑对客观事物本质和规律的概括的和间接的反映。概括性和间接性是思维的两个基本特性。

思维最显著的特性是概括性。思维之所以能揭示事物的本质和内在规律性的关系，主要是因为它来自抽象和概括的过程，即思维是概括的反映。所谓概括的反映是指以大量的已知事实为依据，在已有知识经验的基础上，舍弃事物的个别特征，抽取它们的共同特征，从而得出新的结论。在数学学习中，学生的许多知识都是通过概括认识获得的。由此可见，没有抽象概括，也就没有思维。概括性是思维研究的一个重要方面，概括水平是衡量思维水平的重要标志。

思维的另一个特性是间接性。思维当然要依靠感性认识，没有它就不可能有思维。但是，思维远远超脱于感性认识的界限，能够认识那些没有直接感知过的，或根本无法感知到的事物，以及预见和推测事物发展的进程。人们常说的举一反三、闻一知十、由此及彼、由近及远等，都是间接性的认识。思维之所以具有间接性，关键在于知识与经验的作用。思维的间接性是随着主体知识经验的丰富而发展起来的。因此，知识和经验对思维能力有重要影响。

（二）数学思维的含义

所谓数学思维就是人脑和数学对象交互作用并按一般的思维规律认识数学规律的过程。数学思维实质上就是数学活动中的思维。对此，我们要注意以下两点：其一，它是指一种形式，这种形式表现为人们认识具体的数学学科，或是应用数学于其他科学、技术和国民经济等过程中的辩证思维；其二，应认识到它的一种特性，这种特性是由数学学科本身的特点，以及数学用以认识现实世界现象的方法决定的。

（三）数学思维的分类

数学思维是一种极为复杂的心理现象。数学思维具有多样性，即多种形态。可以按不同的标准对其进行分类：

根据数学思维过程是否遵循一定的逻辑规则，可将其分为逻辑思维与非逻辑思维。逻辑思维是指脱离具体形象，按照逻辑的规律，运用概念，通过判断、推理等进行证明、求解或认识事物的思维方式。非逻辑思维是指未经过一步步的逻辑分析或无清晰的逻辑步骤，而对问题有直接的、突然间的领悟、理解或给出答案的思维方式。

根据数学思维的指向程度，可将其分为发散思维与收敛思维。发散思维又叫求异思维，它由某一条件或事实出发，从各个方面思考，产生多种答案，即它的思考方向是向外发散的。收敛思维又叫求同思维或集中思维，它是指将提供的条件或事实聚合起来，朝着一个方向思考，得出确定的答案，即它的思考方向趋于同一。事实上，数学问题的解决过程依赖收敛思维与发散思维的有机结合。一方面要广开思路，自由联想，提出解决问题的种种设想和方法；另一方面，又要善于筛选，采用最好的方案或办法来解决问题。在数学学习中，我们既要重视集中思维的训练，又要重视发散思维的培养，还要重视两者的协调发展。

据数学思维方向的不同，可将其分为正向思维和逆向思维。正向思维与逆向思维是指在思考数学问题时，可以按通常思维的方向进行，也可以采用与它相反的方向探索。数学知识本身就充满了正、反两方面的转化，如运算及其逆运算、映射与逆映射、相等与不等、性质定理与判定定理等。因此，培养学生的正向思维与逆向思维都很重要。

根据数学思维结果有无创新，又可将其分为再现性思维和创造性思维。再现性思维，也就是一般性思维，它是运用已获得的知识经验，按现成的方法或程序去解决类似情境中的问题的思维活动，是一种整理性的一般思维活动。创造性思维是一种特殊的思维形式，即不仅要揭示客观事物的本质及内在联系，还要产生新颖的或前所未有的思维成果，给人们带来具有社会或个人价值的产物，是一种具有开创意义的思维形式，是再现性思维的发展。创造性思维作为思维的最高形式，是人类创新精神的核心，是一切创造活动的主要精神支柱。

二、高等数学学习中几种重要的数学思维

（一）归纳思维

归纳是人类发现真理的最基本也是最重要的思维方法。法国数学家拉普拉斯指出："在数学里，发现真理的主要工具和手段是归纳和类比。"

归纳是在对许多个别事物的经验认识的基础之上，通过多种手段（观察、实验、分类……）发现其规律，总结出原理或定理的方法。归纳推理是根据一类事物的部分对象具有某一属性，从而归纳出此类事物都具有这一属性的推理方法。或者说，归纳思维就是要从众多事物中找出共性和本质的东西的抽象化思维。更直接地讲，就是从特殊的例

子中，利用归纳法预见到进步的带有一般性质的结论。

从数学的发展过程可以看出，许多新的数学概念、定理、法则等的形成，都经历过经验积累的过程，经过大量的观察、实验、分类，然后归纳出其共性和本质的东西。

在高等数学教学中，教师不但要使学生掌握归纳方法的要点、本质，更要培养学生强烈的归纳意识，并使他们认识到归纳在提高创新能力中的作用与价值，使学生在学习和工作中能有意识地去运用归纳法，这样也有利于培养学生的创造性思维。

（二）类比思维

日本物理学家、诺贝尔奖获得者汤川秀树指出："类比是一种创造性的思维方式。"所谓类比，就是借助两类不同本质的事物之间的相似性，通过比较将一种已经熟悉或掌握的特殊对象的知识推移到另一种新的特殊对象身上的推理手段。当两个对象系统中的某些对象间的关系存在一致性或者某些对象间存在同构关系时，我们便可以对这两个对象系统进行类比。由于类比为人们的思维过程提供了更广阔的"自由创造"的空间，因此它成为科学研究中非常有创造性的思维形式，从而受到科学家们的重视与青睐。高等数学中很多知识间都有着显著的类同性。美籍匈牙利数学家波利亚曾说过："类比是一个伟大的引路人，求解立体几何问题往往有赖于平面几何中的类比问题。"因此，教师在教学过程中应特别重视运用类比的方法，将其引入教学与学习（教会学生学习）活动，使教学与学习活动更加生动具体。

在高等数学教学中，从学生已熟悉的知识出发，通过类比而引申出新的概念、新的理论，不但易于学生接受、理解、掌握新的概念和新的理论，更重要的是有利于培养学生的类比思维，有助于学生创造力的开发。比如，在"中值定理"这部分知识的教学中，教师如果采用类比的方法，将各中值定理的条件、结论、几何意义进行比较，对培养学生的类比思维将大有裨益，从而也会取得很好的教学效果。除数学教学之外，教师还可以向学生介绍类比思维在其他学科中的应用情况。比如，"仿生学"就是类比思维的成果，仿生学是用"生物机制"进行类比的：滑翔机和飞机是人们受燕子飞翔的启发而设计的；潜艇、鱼雷是人们看到鱼在水中游，产生灵感而制造的。这种思维是按照"类比—联想—预见"的步骤展开的，而数学的每一个概念、结论的深入研究，也是按照这个步骤展开的。在高等数学教学过程中，教师应充分抓住知识的特点，积极培养学生的类比思维。

（三）发散思维

发散思维最早是由美国心理学家伍德沃斯于 1918 年提出的。发散思维也称扩散思维、辐射思维、求异思维，是指在创造和解决问题的过程中，不拘泥于一点或一条线索，而是从已有的信息出发，选择多角度，向多方向扩展，不受已知的或现存的方式、方法、规划或范畴的约束，并且从这种扩散、辐射和求异式的思考中，求得多种不同的解决办法，衍生出多种不同结果的思维方式。由于发散思维对推广原命题、引申旧知识、发现新方法等具有积极的开拓作用，因此它是一种重要的创造性思维。

我国数学家徐利治指出："数学中的新思想、新概念和新方法往往来源于发散思维。"他总结概括出了数学创造能力公式（创造能力=知识量×发散思维能力），并指出发散思维在数学创造性活动中具有重要作用。

数学发散思维的首要特征是发散性，即对同一个数学问题，思考时不急于归一，而是先提出多方面的设想和各种解决办法，然后经过筛选，找到科学合理的结论。此外，对正在研究的数学对象、数学方法，甚至已得出的公式、定理，都可以运用发散思维将其作为发散点，放在不定、可变的地位上加以观察和思考，探索"可变"的各种可能，甚至在范例中也可变中求活，活中求异，异中求新，新中求广。对未知的东西，要敢于大胆地去设想；对已知的东西，要敢于大胆地质疑，提出异议，勇于打破常规。

数学发散思维的第二个特征是流畅性，也称多端性。流畅性的基本特征是数学思维转换时畅通无阻，思维向多个方向发散，大脑对外界数学知识信息的分析、加工、重组的速度快，输出输入量大，对同一个数学问题能提出多种设想、多种答案，突出一个"快"字。

发散思维的第三个特征是变通性。变通性是指思维形式不受固定格式的限制，思维方向多，既可横向，又可纵向，还可逆向。形式灵活多变，代数、几何、三角、初等数学、高等数学的知识交汇使用，突出一个"多"字。

发散思维的第四个特征是独特性。独特性是指思维方式求异、新颖奇特，一题多思，千方百计寻求最优解法，创优意识强烈，思维结果有创新的特点，它反映了数学发散性思维的质量特征，突出一个"新"字。

数学发散性思维的实质就是创新，所以数学发散思维是创造性思维的重要组成部分。

（四）逆向思维

思维本身具有双向性，"由此及彼"与"由彼及此"就是思维的两个相反方向。一般情况下，人们把已经习惯的思维叫作顺向思维，而把相反方向的思维称为逆向思维。逆向思维是相对习惯思维而言的另一种思维形式，它的基本特点是：从已有思维的反方向去思考问题。顺推不行，就考虑逆推；直接解决不行，就想办法间接解决；正命题研究过后，就研究逆命题；探讨可能性却遇到困难时，就考虑探讨不可能性。逆向思维由于打破了习惯思维的框架，克服了思维定式的束缚，所以具有创造性。

在高等数学中，有不少内容都可以用来培养学生的逆向思维。例如，数学公式的逆向应用、问题分析中的"执果索因"、微分与不定积分的相互转换、辅助函数和几何图形、无穷级数和函数的求法、定积分定义求和、定积分和不定积分的关系、命题的逆否命题、探讨问题的不可能性以及反证法等都充分体现着逆向思维。

（五）猜想思维

英国著名物理学家、数学家牛顿说过："没有大胆的猜想，就做不出伟大的发现。"所谓数学猜想，是指根据某些已知的事实、材料和数学知识，对未知的量及其关系所做的一种预测性的推断。它是研究数学、发现新定理、创造新方法的一种手段。猜想是一种合情推理，它与论证所用的逻辑推理方法相辅相成。对未给出结论的数学问题，猜想也是寻求解题思路的重要手段。目前已有很多教师开始重视"教猜想"，这正是由于大家已经意识到猜想不仅是解决问题的重要手段，也是训练思维的有效方法。因此，对学生进行猜想训练、培养他们敢于猜想的精神，有利于学生数学直觉的形成，从而培养他们的创造性思维。纵观数学教育和数学发展历史，可以发现，学生猜想思维能力的发展和提高，离不开以下几方面素质的培养：

1.较好的数学知识基础和较高的文化素质

要想运用猜想思维，就需要具备较广博的基础知识与较高的文化素质。只有在较宽广的知识层面上，数学想象才能振翅高飞，通过想象和联想，从那些形式上互不相关的问题中，发现知识之间的本质联系。

2.高层次的数学想象能力

数学想象能力可以划分为若干个层次，不同的层次相应地决定了想象能涉及的范围和效果。高层次的想象涉及数量关系和空间形式，以及由它们重新组合而形成的更为抽象、更为深入的数学构想。

3.善于发挥数学的直觉思维

波利亚在其著作《数学与似真推理》中提出："还必须学习合情推理，即数学猜想。数学猜想是一种直觉思维，利用它不仅可以预测解决现有问题的思路，还可以提出有价值的新问题。"数学直觉即关于数学对象的关系和性质的直接领悟。法国数学家亨利·庞加莱说过："这种对数学秩序的直觉，能使我们去推测隐蔽着的各种和谐性与联系，但它并不是每个人都具备的，而必须靠人们自觉地培养、锻炼和提高。"

以直觉在数学发现中的作用而论，又可以将直觉思维划分为辨认直觉、联络直觉和审美直觉三种类型。辨认直觉可以辨明和预测数学猜想是否具有科学价值；联络直觉可以探究和考察不同理论、不同猜想之间的内在联系；审美直觉可以审查和评论数学猜想是否符合数学理论的美学标准。在科学研究和日常学习中，学生对理论发展的方向往往会有多种猜想，对解决问题的思路也会有多种猜想，究竟何去何从，必须求助辨认直觉和审美直觉。庞加莱认为直觉思维是一种无意识活动。然而，在诸多无意识活动的分化组合之中，有些意识是和谐、美妙而有用的。这些意识如果能触动数学家的审美直觉，即可立刻转变为数学家的有意识行为。

4.能正确理解"数学的本质就在于它的自由"

德国数学家格奥尔格·康托尔曾经提出"数学的本质就在于它的自由"。他认为数学与其他领域的区别，就在于它可以自由地创造自己的概念，也就是说数学想象可以自由自在地发挥。例如，要想在欧氏几何中建立起非欧几何的模型，这确实是难以想象的。但是克莱因、庞加莱和贝尔特拉米等数学家，利用数学想象的自由发展，巧妙地做了一些约定，结果就把非欧几何中那些看起来格格不入的空间关系，转换成了欧氏几何中的普通定理，并且也因此完成了对非欧几何理论相对相容性的证明。

第二节 高等数学教学应该培养的数学思维能力及教学原则

一、高等数学教学主要应该培养的数学思维能力

数学思维能力，就是在数学思维活动中，直接影响该活动的效率，使活动得以顺利完成的个体的、稳定的心理特征。高等数学教学主要应该培养的数学思维能力包括：具体形象思维能力、抽象思维能力、辩证逻辑思维能力和创造性思维能力。

（一）具体形象思维能力

具体形象思维，是指脱离感知和动作而利用头脑中所保留的事物的形象进行的思维，它的特点是不能离开具体形象来进行思维活动。数学形象思维具有直观性、概括性和多面性等特征。直观性表现在思维借助具体的形象（如几何图形、代数结构等）而运行；概括性表现在思维运行时使用的材料往往是经过加工的具有一定概括性的数学形象；多面性则是相对于逻辑思维而言的，逻辑思维按部就班，一步一个脚印，是线性的；而形象思维则是多角度、多侧面的，因而是面性的。

表象是思维的基本材料，实际的数学形象思维材料往往是在表象的基础上有所抽象、概括加工而成的数学形象，表象量愈多，形象思维内容愈丰富；表象质愈好，形象思维结果愈准确。随着数学知识领域的拓展和内容的不断抽象，由表象形成的形象就成了更高层次的表象。例如，通过对函数图像的实践认识，学生积累了不少有关函数的形象，在此基础上，一笔画成的曲线就成了连续曲线的形象；没有尖点、角点等奇异点的连续曲线就成了可微函数的形象。几何直观是形象思维在数学中的重要表现形式。在传统数学领域，分析、代数、几何日益彼此渗透，几何直观功不可没。德国哲学家康德如是说："缺乏概念的直观是空虚的，缺乏直观的概念是盲目的……"

在高等数学中，微积分以函数为研究对象，这些函数都是定义在 R^n（$n \in N$）上的，当 $n=1$，2 时，这些函数就获得了平面直角坐标系内的几何直观；当 $n \geqslant 3$ 时，对函数性质的研究和了解也往往是通过类比 R^1、R^2 上的情形来实现的，因而可以说形象思维贯穿微积分学习的全过程。比如，多元复合函数的求导法则同一元复合函数一样，都遵循

着"链式法则"。但由于变量个数的增多，其具体的求导形式要比一元函数复杂得多。运用数学形象思维，建立多元复合函数求导法则的"树形图"几何结构，可将其复合关系和链式法则的具体形式揭示得一清二楚，使多元复合函数的求导过程变得简单有序。

再如，讲授拉格朗日中值定理时，可先画一光滑图形来说明函数在闭区间上连续、在开区间内可导等条件，然后说明在开区间内至少存在一点，使这点处的切线平行于曲线两端点的连线，并给出该连线的斜率，再给出严格的证明。这样做会使学生对问题的理解更为深刻。

另外，形象化教学还可以借助多媒体手段，在计算机上编制适当的软件以增强形象化教学的效果，这是一条很好的途径。但是，我们不可能也没有必要为所有内容编制软件。形象化教学并不是全靠出示教具或编排电脑节目来起到应有的效果的，它的精妙之处在于教学过程中生动有趣的例证和寥寥几笔的图形带给学生的思维上的启示和触类旁通的感悟。所以，培养学生的形象思维是培养学生用数学方法创造性地解决实际问题的一个十分重要的方面。利用数学形象思维进行直观判断的方法，能迅速抓住问题的实质，发现问题的答案，是学好高等数学的一种重要方法，也是许多复杂证明赖以成功的基石。徐利治教授说："真正的懂离不开数学直观，因此数学直观力的培养非常重要。"因此，提高学生的形象思维水平十分有必要。

多年的教学经验告诉我们，"数形结合"的方法对提高学生的形象思维水平极为有效。"数形结合"表现为对问题的数学逻辑的表述和对问题的几何意义的综合考察，前者属于逻辑思维，后者属于形象思维。在思维实践活动中，二者相互交叉、相互制约，难以截然分开。因此，教师在教学活动中应重视让学生用形象思维寻找解决问题的突破口，用抽象思维对思维过程进行监控与调节。

（二）抽象思维能力

抽象思维，是指离开具体形象，运用概念、判断和推理等方法的思维形式。这一思维能力目标，要求学生在取得感性认识材料的基础上，运用概念、判断和推理等理性认识形式对认识对象进行间接地、概括地反映。抽象思维是数学思维最显著的特征。在高等数学教材中，大部分概念（如导数、二重积分、曲线积分、曲面积分等）在引入时，都是从实例入手，抛开实际的意义抽象得出的。教师在教学中，可以很好地利用这一点，有意识地培养学生的抽象思维能力。例如，对二重积分进行定义时，一般的教材都先讨论两个具体实例。其中一个例子讨论的是曲顶柱体的体积，另一个例子讨论的是平面薄片的质量。尽管前者讨论的是几何量，后者讨论的是物理量，二者的实际意义截然不同，但它们的计算方法与步骤却是相同的，排除其具体内容（非本质属性），便得出了二重积分的概念。教师在讲授这一概念时，可以试着让学生自己去抽象出相同的数学结构。多次对不同内容进行分析，可以逐步培养和提高学生的抽象思维能力与概括能力，也可以使学生掌握从具体到抽象的学习原则。

（三）辩证思维能力

辩证思维，就是客观辩证法在人们思维中的反映。数学教育的重要目的之一在于培养学生的数学思维能力。辩证逻辑研究的是思维形式如何正确反映客观事物的运动变化、事物的内部矛盾、事物的有机联系和转化的问题。在数学思维中，辩证思维被认为是最活跃、最生动、最富有创造性的成分。在数学发展史上，许多重大的数学发现过程都具有辩证的特点。很难设想，一个缺乏辩证思维的人能创立微积分。可见辩证思维对数学的研究和发展及数学学习的重要性。作为变量数学的高等数学，蕴含着极其丰富的辩证思想。其内容的辩证性体现得非常典型和深刻，集中反映了辩证法在数学中的地位。所以，它是培养学生数学辩证思维能力的最优载体。高等数学是用全新的变化的观点去研究现实世界的空间形式和变量关系的，所以学生从学习常量数学到学习变量数学，在思维方法上是一个转折。突出高等数学的辩证法，有助于学生摆脱在初等数学学习中的静态思维方式的束缚，学会用辩证法分析问题，提高辩证思维的层次。

矛盾的对立统一观点是辩证法的核心，它在高等数学中的表现尤为突出。例如，极限值的得出就是变化过程与变化结果的对立统一；微分和积分刻画了变量连续变化过程中局部变化与整体变化之间的对立统一；还有"离散"与"连续""近似"与"精确""均匀"与"不均匀"等，都是矛盾对立统一的具体反映。高等数学中的许多概念也是多种矛盾的统一体，如"无穷小量"有零的特征但却不是零。

高等数学的概念、原理之间既互相渗透又互相制约是高等数学辩证性的又一重要特征，是事物普遍联系的规律的反映。例如，定积分、重积分、线积分、面积分概念，都是从不同的具体原型中抽象概括出来的，但它们之间却有着本质的联系，即都用到了"分割、近似代替、求和、取极限"的数学思想，而且概念的结构是类似的。又如从不定积分与定积分的概念来看，不定积分属于求原函数的问题，而定积分属于求和式极限的问题。但上限为变量的定积分实际上就是被积函数的一个原函数，从而沟通了定积分与不定积分概念之间的联系。在高等数学中，矛盾对立统一的观点、普遍联系的观点、否定之否定的观点以及从量变到质变的辩证规律随处可见。因此，教师在数学教学中应充分挖掘这些知识间的辩证关系，努力发展学生的辩证思维，从而逐步提高学生的思维能力。

（四）创造性思维能力

创造性思维，即通过思维不仅能够揭示客观事物的本质及内在联系，还能够在此基础上产生新颖的、前所未有的思维成果。这一思维能力目标，是我们数学教育所追求的最高境界，是其他思维能力目标充分发展、突变、飞跃才能达到的终极目标，要求学生能对数学问题给出新的解决办法，或提出新的数学问题，创造新的数学理论。如学生能在复数数系的基础上提出新的数系，或能定义新的运算。应该指出的是，从创新的相对意义看，创造性思维是广义的，学生的数学创造性思维是"再发现"式的。创造性思维能力的培养可以从以下几个方面进行：

1.培养学生的聚合思维和发散思维

聚合思维在内容上具有求同性和专注性，发散思维在内容上具有变通性和开放性。

每个人的思维都既有聚合性，又有发散性，发散思维和聚合思维是相辅相成的。在数学教育中，往往更强调对学生聚合思维的训练，而对学生发散思维的训练则较少关注。

事实上，由于高等数学教材的表述侧重聚合思维，所以教师要善于挖掘和选取数学问题中具有发散思维的素材，恰当地确定发散对象或选取发散点，以培养学生的发散思维。例如，在引入定积分概念时，教师在举出"求曲边梯形的面积"的实例，引导学生分析其"分割、近似代替、求和、取极限"的数学思想方法后，启发学生联想"液体的静压力""物体转动惯量"等问题，并思考这些问题的共性，从而抽象出数学模型，给出定积分的定义。这就是一个聚合思维的过程。教师应进一步引导学生分析该思维成果，并应用它去解决类似的实际问题，以实现对学生发散思维能力的培养。

2.培养直觉思维和分析思维能力

从辩证思维的角度看，分析思维与直觉思维是相互依赖、相互促进的。任何数学问题的解决和数学知识的发现都离不开分析思维，但是分析思维也有保守的一面，即在一定程度上缺乏灵活性与创造性，而这正是不严格的直觉思维积极的一面。在教学中，教师可通过出示一组相近命题，引起学生的思维冲突，激活学生的思维，使其保持兴奋状态，发展学生的直觉思维。同时，教师应要求学生对猜想的结果进行严格论证，从而促进学生直觉思维能力和分析思维能力的提高。

3.培养学生良好的数学思维品质

思维品质是思维发展水平的重要标志。它主要表现为思维的广阔性、深刻性、灵活性、独创性和批判性等五个方面，这五个方面既有各自的特点，又是互相联系、互相补充的。

二、高等数学教学培养数学思维能力的原则

（一）渗透性原则

第一，因为数学思维能力的培养离不开表层的数学知识，那种只重视讲授表层知识而不注重培养学生数学思维能力的教学是不完整的教学，它不利于学生真正理解和掌握所学的知识，使学生的知识水平永远停留在一个初级阶段，难以提高；另外，对学生数学思维能力的培养总是以表层知识教学为载体的，若单纯强调培养数学思维能力，就会使教学流于形式，成为无源之水、无本之木，学生的数学思维能力难以得到培养和提高。

第二，数学思维是一种复杂的心理现象，它体现为一种意识或观念。因此，它不是一朝一夕就可以形成的，要经过日积月累，长期渗透，才能形成。

第三，数学思维能力的培养主要是在具体的表层知识的教学过程中实现的。因此，要贯彻好渗透性原则，就要不断优化教学过程。比如，概念的形成过程，公式、法则、性质、定理等结论的推导过程，解题方法的思考过程，知识的小结过程等。只有优化这些教学过程，数学思维才能充分展现它的活力。取消和压缩教学的思维过程，把数学教学看作表层知识结论的教学，就会失去培养学生数学思维能力的机会。

以上三个方面，说明了贯彻以渗透性原则为主线的数学思维能力培养原则的重要性、必要性和可行性。

（二）反复性原则

一般来说，数学思维的形成有一个过程，学生通过具体的表层知识学习，以及经过多次反复的学习，在比较丰富的感性认识的基础上逐渐概括、形成理性认识，然后在应用中，对形成的数学思维方法进行验证和发展，加深理性认识。从较长的学习过程来看，学生经过多次反复的学习，能逐渐提高认识的层次，使认识层次从低级到高级螺旋上升。另外，与具体的表层知识相比，学生领会和掌握数学思维的情况有着较大的差异，所以

在学习过程中具有较大的不同步性，只有贯彻反复性原则，才能使大多数学生的数学思维能力得到培养和提高。反复性原则和渗透性原则联系在一起就是要反复地渗透、螺旋式地上升。

例如，在积分教学中，需要反复渗透类比思维。高等数学中积分知识共有七大类：定积分、二重积分、三重积分、第一类曲线积分、第二类曲线积分、第一类曲面积分、第二类曲面积分，每类积分都有一套定义，但它们之间却有着十分密切的联系，而且有许多共性。比如，这七类积分概念的引入都要经过"引例（通常就是几何、物理意义）—定义—性质—运算"四个步骤，同时它们定义积分的过程也大致相同，都是按照"分割、近似求和、取极限"三个步骤下定义的，在讲其他类型的积分（本体）时，可用定积分概念（喻体）相互类比的方法启发学生给出定义，即首先由教师指出其他积分与定积分是类似的，然后引导学生通过类比定积分的定义来定义其他积分。这就能够教会学生如何去找类比的已知概念（喻体），又如何通过类比给出新概念（本体）的方法，进而使学生较好地掌握概念的本质。培养一种数学思维要通过多次反复的教学来实现，这一过程一般由孕育阶段、形成阶段和加深应用阶段组成。

（三）系统性原则

数学思维能力的培养与表层知识教学一样，只有成为系统，建立起自己的结构，才能充分发挥它的整体效能。当前，在数学思维能力培养中，一些教师的随意性较强。比如，在某个表层知识教学中，突出培养某种数学思维，对其他数学思维的培养则往往比较随意，缺乏系统性和科学性。尽管数学思维的系统性不如具体的数学表层知识那么严密，但进行系统性研究，掌握它们的内在结构，提高教学的科学性，还是很有必要的。系统研究数学思维培养，需要从两方面入手，一方面挖掘在每个具体的数学表层知识的教学中可以进行哪些数学思维的培养，另一方面研究一些重要的数学思维可以在哪些表层知识教学中进行渗透，从而整理出数学思维能力培养的教学系统。

下面试分析、归纳思维能力培养在高等数学教学中的大致的系统。首先，在讲授完某一教学内容时可进行局部归纳。例如，教师在讲授完"极限"一章后可以把本章内容归结为：五个定义、四种关系、三个性质、两种运算、两个准则、两个极限。其次，在讲授完同一类型知识后可以进行横向归纳。例如，就函数的导数而言，有一元函数的导数、多元函数的偏导数及方向导数三种，它们在本质上都是函数的变化率问题，都是增量比的极限。但它们之间也有区别：前二者为双侧极限，方向导数为单侧极限。通过这样简单的对比归纳，学生可以深刻理解相关数学概念的实质。最后，对相互关联的教学内容可以进行纵向归纳。例如，《高等数学》中的"向量代数与空间解析几何"这部分内容是学习多元函数微积分的基础，学生在学习时比较容易理解，但却不能深入其中，所以在学习方向导数与两类曲线（面）积分的关系及第二型线（面）积分的计算时不得要领。因此，教师在讲授前面的知识点时要为后面的教学内容做好铺垫，指导学生在学习后面的知识点时，要将其与前面的教学内容紧密结合，使前后教学内容相互衔接，使学生融会贯通。

（四）确定性原则

教师在学生数学思维能力的培养教学中，在贯彻渗透性、反复性和系统性原则的同时，还要注意遵循确定性原则。这是因为，只进行长期、反复、不明确的渗透，将会影响学生从感性认识到理性认识的飞跃，妨碍学生有意识地培养自己的数学思维能力。渗透性和明确性是数学思维能力培养辩证统一的两个方面，因此在反复渗透的过程中，利用适当机会，对某种数学思维进行概括、强化和提高，使它的内容、名称、规律以及运用方法明确化，是数学思维培养的又一个原则。当然，贯彻明确化原则势必要在数学表层知识教学中进行，但若处理不好这一原则就会干扰基础知识的教学。因此，教师在整个教学过程中，应当有计划、有步骤地贯彻明确化原则，尤其可以在章节小结中完成明确化的任务。另外，明确化也要做到适度，对教材的内容和学生的实际，要有一个从浅到深、从不全面到较全面的过程。

第三节 努力培养学生良好的思维品质

一、培养思维的灵活性

思维的灵活性是指思维活动的灵活程度，主要表现为具有超脱出习惯处理方法界限的能力，即一旦所给条件发生变化，便能改变先前的思维途径，找到新的解决问题的方法。学生思维的灵活性主要表现为随新的条件迅速确定解题方向，表现为从一种解题途径转向另一种途径的灵巧性，也表现为从已知数学关系中看出新的数学关系，从隐蔽的形式中分清实质的能力。

思维灵活性的反面是思维的呆板性，或称心理惰性。知识和经验经常被人们按着一定的、个人习惯的"现成途径"反复认识，从而产生了一种先入为主的印象。使人倾向某种具体的方式和方法，使人在解题的过程中总是遵循已知的规则系统——这就是思维的呆板性。思维的呆板性是进行发明和创造性活动的极大障碍。思维的呆板性是部分学生思维的特点，表现为片面强调解题模式，缺少应变能力。

教师的主要任务是帮助学生克服"呆板性"消极的一面，及时地让他们了解新情况下的新解题途径。

（一）启发学生从多种角度思考问题

教师在教学过程中，可以用多种方法、从不同角度和不同途径去寻求问题的答案，用一题多解的方法来培养学生的数学思维能力，提高学生的思维灵活性。一题多解可以拓宽思路，增强知识间的联系，使学生学会从多角度思考解题的方法，形成灵活的思维方式。

（二）引入开放型习题

开放型习题由于没有现成的解题模式，解题时往往需要学生从不同的角度进行思考和探索，尽可能多地探究、寻找有关结论，并进行求解。开放型题目的引入，主要是为了引导学生从不同的角度思考问题，教师应该要求学生不仅仅要思考条件本身，还要思考条件之间的关系，要根据条件运用各种综合的、变换的手段来处理信息、探索结论。这样才有利于提高学生的思维灵活性，也有利于培养他们孜孜不倦的钻研精神和创造力。

（三）采用一题多变的教学方式

一题多变是题目结构的变式，具体是指变换题目的条件或结论，即变换题目的形式，而题目的实质不变。教师用这种方式进行教学，能使学生随时根据变化的情况积极思索，迅速想出解决问题的办法。这样可以提高学生举一反三、触类旁通的能力，从而防止和消除思维的呆板和僵化，提高思维的灵活性。

二、培养思维的广阔性

思维的广阔性是指思路宽广，善于多角度、多层次地进行探求。在数学学习中，思维的广阔性表现为既能把握数学问题的整体，抓住它的基本特征，又能抓住重要的细节和特殊因素，开放思路。思维的广阔性的反面是思维的狭隘性，学生正是由于存在这种思维的狭隘性，常常跳不出条条框框的束缚，才会出现解题困难。

思维的广阔性还表现在不但能研究问题本身，还能研究其他有关的问题上。教师可以从学生熟知的数学问题出发，提出若干富于探索性的新问题，让学生凭借他们已有的知识和技能，去探索这些数学问题的内在规律性，从而获得新的知识和技能，并开阔视野。在数学教学中，教师应鼓励学生广泛联想，积极思考，寻找多种解决问题的方法，训练学生的发散思维，培养学生思维的广阔性。

三、培养思维的深刻性

思维的深刻性常被称为分清实质的能力。这种能力表现为：能洞察所研究的每一个事实的实质及其相互关系；能从所研究的材料（已知条件、解法及结果）中揭示被掩盖着的某些个别特殊情况；能组合各种具体模式。思维的深刻性的反面是思维的肤浅性，经常表现为对概念的不求甚解；对定理、公式、法则，不考虑它们为什么成立和在什么条件下成立；做练习题时，对题型、套公式，不去领会解题方法的实质。在数学教学中，教师应积极培养学生思维的深刻性。

（一）进行数形结合的训练，培养思维的深刻性

数学的研究对象是客观事物的数量关系和空间形式。数缺形时欠直观，形缺数时难入微。数与形是客观事物不可分割的两个数学表象，它们有各自的特定的含义。在解决数学问题的教学中，特别是在解代数问题和几何问题时，教师要引导学生挖掘数与形的内在联系，并将它们相互转化，从而培养学生思维的深刻性。

（二）运用不定型开放题，培养思维的深刻性

不定型开放题，所给条件包含答案不唯一的因素。在解题过程中，教师应要求学生

必须利用已有的知识，结合有关条件，从不同的角度对问题做全面分析，进行正确判断，并得出结论，从而培养学生思维的深刻性。

四、培养思维的敏捷性

思维的敏捷性是指思维过程的简洁性和快速性。具有这一思维品质的学生能缩短运算环节和推理过程，"直接"得出结果。运算过程或推理过程的缩短，表面看来好像没有经过完整的推理，其实它还是有一个完整的过程的。

研究表明，推理过程的缩短取决于概括能力。教师可以通过引导学生练习，提高学生思维的概括性，进而提高学生思维的敏捷性。另外，在数学教学中，教师还可以有意识地选择一些用顺向思维的方法难以解决或解法烦琐，而用逆向思维的方法却能迅速解决的问题来启迪学生的思维，从而培养学生思维的敏捷性。

五、培养思维的独创性

思维的独创性是指思维活动的创造性精神，是在解决新颖独特的问题中表现出来的思维品质。这里的"独创"，不只看创造的结果，还要看思维活动中是否有创造性的态度。学生能独立地、自觉地掌握数学概念，发现定理的证明方式，发现教师在课堂上讲过的例题的新颖解法等，这些都是其思维独创性的具体表现。

思维独创性的反面是思维的保守性，它的主要表现是思维受条条框框的限制，落入俗套而受其束缚，从而产生思维的惰性。消除学生思维保守性的方法是在加强基础知识学习和基本技能训练的前提下，提倡学生独立思考，让学生从分析问题的特点出发，探求新颖独到的解题方法。

（一）通过一题多解训练培养思维的独创性

一题多解训练能开拓学生的思维，提高学生的应变能力。一题多解训练要求学生的思维方法要注重新颖独特，要不循常规，不拘常法，寻求变异。因此，一题多解训练能帮助学生克服思维定式的消极作用，有利于培养学生思维的独创性。

（二）进行发散思维的训练，培养思维的独创性

发散思维又叫求异思维，它打破了常规的思维模式。进行发散思维训练，能逐渐打破狭窄思维体系的封闭性。在解题教学中，教师应要求学生不只满足于一种解法，应多多联想，寻找更多的解法，并比较哪种解法最优。因此，数学教学一定要以教师为主导，以学生为主体，给学生发散思维的空间，让学生充分展示思考的过程，鼓励学生标新立异，发表独特见解。只要学生有新思想、新见解、新设想、新方法，就可以认为其具有思维的创新性。

六、培养思维的批判性

思维的批判性，就是指思维活动中严格地估计思维材料和精细地检查思维过程的智力品质，它是思维过程中自我意识作用的结果。思维的批判性表现为：有能力评价解题思路选择得是否正确，以及评价这种思路导致的结果；愿意检验已经得到的或正在得到的粗略结果，以及对归纳、分析和直觉的推理过程进行检验；善于找出和改正自己的错误，重新计算和思考，找出问题所在；不迷信教师和课本，凡事都要经过自己思考，然后再做出判断。

（一）培养学生的质疑精神

教师在数学教学中要鼓励学生敢于大胆质疑，敢于发表自己的观点和看法，而不是"人云亦云"。数学史上有许多这样的例子，例如：一个三棱锥和一个四棱锥，棱长都相等，将它们的一个侧面重合后，还有几个暴露的面？这是美国 1982 年有 83 万人参加的大中学生数学竞赛的一道试题。命题专家和绝大多数的考生都认为正确的答案是 7 个面，但是佛罗里达州的一名考生丹尼尔的答案是 5 个面，他的结果立即被评卷委员会否定。然而丹尼尔并没有被权威压倒。他坚持自己的信念，做了一个模型以印证其结果的正确性，并给出了证明。最后，数学专家不得不承认他的答案是正确的。这个学生敢于挑战权威的优良品质受到人们的一致称赞，他的这种敢于质疑权威的精神值得我们大力提倡。教师在数学教学中要重视对学生思维批判性的培养，要给学生创设尽可能宽松的学习氛围，让学生有勇气、有机会提出自己的不同意见，从而培养他们的质疑精神。

（二）提高学生的识别能力

许多数学题目中都潜存着隐含条件，这种条件只有经过深入分析才能被发现，挖掘隐含条件是培养学生思维品质的重要途径。教师应引导学生在辨析题目的过程中，把握问题的本质，挖掘题目中的隐含条件，从而提高学生的识别能力。学生的学习过程，其实就是不断辨析和更新自己头脑中的知识结构的本质的过程。而且，这样的教学比正面讲授的效果要好得多，在潜移默化中就能培养学生思维的批判性。

（三）提高学生的自我评价能力

一堂好课，不在于学生没有出现错误，而在于教师要确立学生在课堂教学中的主体地位，这就要求教师善于抓住时机启迪学生思维，纠正学生在概念理解上的错误，并纠正学生在习题上的解题错误，从而纠正学生头脑中知识结构的错误。在纠错的过程中，教师不能替学生做决定，而是要引导学生自己纠错，自己寻找致错根源。

（四）培养学生反驳问题的能力

对一些似是而非的问题，培养学生从反驳的角度来考虑问题不失为一个很好的办法。反驳是数学创造性思维、批判性思维的重要组成部分。要培养学生的反驳能力，提出反例无疑是一种很好的方法，因为反例在数学发展中和证明一样占有重要的地位，是否定谬误的有力武器。

总之，学生思维品质的各个方面是一个有机的整体，它们是彼此联系、相互渗透、不可分割的。培养学生良好的思维品质是一项艰巨而复杂的任务，不可能立竿见影。在平时的数学教学中，教师应充分利用不同题型和不同方法，培养学生的思维品质。同时，要想真正有效地提高学生的思维品质，教师在教学中还要通过积极的教育和引导，培养学生坚毅顽强的钻研力、对比筛选的分析能力、专注持久的注意力、丰富大胆的想象力以及破旧立新的创造力等。教师要注意从基础抓起，着重培养学生的形象思维能力和逻辑思维能力；不断地更新教学观念，改进教学方法，优化教学过程，创设思维情境，加强思维训练，积极摸索规律，认真总结经验。

第四节 培养学生数学思维能力的教学策略

　　培养高校学生数学思维能力是教育学、心理学中一个十分重要的问题，受到了许多有识之士的极大重视。同时，培养并发展学生的数学思维能力是数学智育教育目标中最根本的一项。教师应分析和探讨学生在数学学习中的心理学基础，弄清数学思维的心理根源，把握心理本质，从而努力提高学生的思维水平。这是因为，随着知识经济社会的发展，个人的思维能力、创新能力在个人发展、社会发展中的作用越来越重要。如今社会变化越来越快，经济发展的趋势从产业经济向知识经济转化，制造业的工作人员的数量在不断减少，而企业对新类型的工作人员的需求却在不断增加。这种新类型的工作人员被称作"知识工人"或"符号分析员"。他们必须具备较高的思维素质，能够操纵复杂的观念与符号，有效地获取和分析信息，并能够保持足够的灵活性以适应不断变化的环境和终身学习的需要。对一个国家来说，大量的有知识、能独立思考的公民是最有价值的财富。对个人而言，较高的思维素质是获得好的工作职位和高收入的保证。因此，在高校数学教学中，教师应重视学生思维能力的培养，努力发展学生的思维能力。

一、培养学生的自学能力，提高其数学思维能力

我国著名数学家华罗庚在著文和演说中多次倡导"要学会自学""要学会读书"。他指出："任何一人，如果养成了自修的习惯，都是终身受用不尽的。"由此可见培养学生自学能力的重要性。所谓自学，首先体现在独立阅读上，它的效率就反映在阅读技能与学生个人在这方面的个性心理特征上；其次，自学是一个数学认识过程，有感知、记忆、思维等，所以它包括各种数学能力，这个独立的数学认识过程，在很大程度上脱离了教师的组织、督促与调控，需要学生自己进行组织、制订计划（包括进度）、做出估计、判断正误、评价效果（自我检查）、进行控制（自我监督）、自我调节等，这方面能力就是元认知能力；最后，在自学过程中，学生需要对独立阅读的内容进行概括和整理，弄清知识的来龙去脉以及重点，并抓住关键，进而能提出问题、分析问题、解决问题，大胆地对阅读材料提出疑问，甚至提出存在的问题及不当之处等，它反映的是独立思考

能力（包括批判能力），这种能力无疑更接近创造能力。

21 世纪是一个知识更新极快的时代，在学校学习到的知识并不能使学生自如地应对将来的挑战，所以自学能力的培养和提高是教育的一个重要环节。在高等教育阶段，培养学生独立地发现问题、思考问题和解决问题的能力，是一项十分艰巨的任务。在数学教学中培养自学能力，可以促使学生由"学会"变为"会学"再到"会用"，最后到"会创造"，是对学生终身能力的培养。教师在数学教学中可采用以下方式提高学生的自学能力：

（一）搞好预习

由教材入手，引导学生课前预习。让学生在课前弄清教师将要讲的内容，比如哪些内容已清楚，哪些内容不明白，不明白的地方在教师讲的时候要重点听，这样的预习才有针对性，效果才会好。坚持不懈搞好课前预习，有助于学生自学能力的提高。

（二）作业独立完成

作业是对课堂所教知识的复习、再现和消化吸收。学生只有在理解知识的前提下，独立思考并完成作业，才能使知识得到巩固和补充，变书本知识为自己的知识。如果解题时遇到困难，学生要学会查阅资料，学会从不同角度考虑问题。这样才能锻炼自己的独立思考能力，自学能力也自然会得到提高。

（三）一题多解

解题时尽可能做到一题多解，从不同的角度考察各知识点的联系和运用。教师应注意汇集和选择典型例题、习题，用以加强对学生解题能力的训练，帮助学生形成多向联系的知识网络，从而提高学生的自学能力。

二、充分利用课堂教学，提高学生的数学思维能力

数学知识是数学思维活动升华的结果，整个数学教学过程就是数学思维活动的过程。因此，课堂教学作为学校教学的基本形式，在各种教学环节中始终占据主导地位，有着不可忽视的优点和作用。为了发挥课堂教学在发展学生思维能力方面的作用，高校

数学教师要深入钻研教材内容，运用最优化的教学方法，做到理论联系实际，不断增强课堂教学的效果。具体来说，可以从以下几个方面去做：

（一）使学生对数学思维本身的内容有明确的认识

长期以来，数学教学过分地强调逻辑思维，特别是演绎逻辑的培养，因而导致教师只注重培养学生"再现性思维""总结性思维"的弊病。因此，为了发展学生的创造性思维，高校数学教师必须冲破传统数学教学中把数学思维单纯地理解成逻辑思维的旧观念，把直觉、想象、顿悟等非逻辑思维也作为数学思维的组成部分。只有这样，数学教育才能不仅赋予学生"再现性思维"，更重要的是还能赋予学生"再造性思维"。这里应该注意，为了不使学生对"再造性思维"望而生畏，应明确地给他们指出：不只是那些大的发明或创造才需要创造性思维，在用数学解决实际问题及证明数学定理时，凡是简捷的过程、巧妙的方法等都属于创造性思维的范畴。

（二）通过概念教学培养数学思维能力

进行数学概念教学，首先需要教师认识概念引入的必要性，创设思维情境及对感性材料进行分析、抽象、概括。比如，为什么要学习定积分，引入定积分概念的办法为什么是这样的，这样做的合理性是什么，又是如何想出来的，等等。也就是说，学习数学概念的目标，不仅是要解决"是什么"的问题，更重要的是要解决"是怎样想到的"的问题，以及有了这个概念之后，又该如何建立和发展理论的问题。总的来说，就是教师首先要将概念的来龙去脉和历史背景讲清楚。

其次，就是对概念的理解过程，这是一个复杂的数学思维活动的过程。理解概念是更高层次的认识，是对新知识的加工，也是对旧的思维系统的应用，同时又是建立和调整新的思维系统的过程。为了使学生正确而有效地理解数学概念，教师在创设思维情境、激发学生学习动机和兴趣以后，还要进一步引导学生对概念进行分析，明确概念的内涵和外延，在此基础上继续启发学生归纳或概括出这一概念的一些基本性质及应用范围等。例如，在讲授定积分的概念时，教师可以先在黑板上画出几个规则的图形（如三角形、平行四边形、矩形等），让学生回答这些图形的面积计算公式；然后画出一个不规则的图形，同样让学生思考这个图形的面积的计算办法。这时，若学生回答不出来，教师可以适时地引导学生将不规则图形分割成曲边梯形，最后就可以将本节课要解决的问题归纳为"如何求曲边梯形的面积"。对求曲边梯形的面积的问题，教师可以引导学生通过"分割""近似代替""求和""取极限"四个步骤来解决，然后再给学生讲授变速直线运动的路程的计算问题，让学生在对两者的计算方法与步骤进行比较的基础上学习定积分的性质、计算方法及应用方式。总之，在数学概念形成的过程中，教师既要培养学生的创造性思维能力，又要使他们学到科学的研究方法。

最后还应指出，概念教学的主要目的之一在于应用概念解决问题。因此，教师还应阐明数学概念及其特性在实践中是如何应用的。例如，用指数函数表示物质的衰变特征，用三角函数表示事物的周期运动特征等。从应用概念的角度来看，数学概念教学不应局限于让学生获得概念的共同本质特征和引入概念的定义，还要让学生学会将客体纳入概念的本领，即掌握判断客体是否隶属于概念的能力。教育心理学研究表明，从应用抽象概念向具体的实际情境过渡时，学生一般会遇到较大困难，因为这时不仅要用到抽象的逻辑思维，还要借助形象的非逻辑思维。

综上所述，数学概念的教学在引入、理解、深化、应用等各个阶段都伴随着重要的创造性思维活动，因而都能达到培养学生数学思维能力的目的。

（三）通过证明数学定理培养数学思维能力

数学定理的证明过程就是寻求、发现和做出证明的思维过程。它几乎动用了思维系统中的各个部分，是一个错综复杂的思维过程。数学定理、公式反映了数学对象的属性之间的关系。要了解这些关系，教师就要尽量创造条件，从感性认识和学生已有的知识入手，以调动学生学习定理、公式的积极性，让学生了解定理、公式的形成过程，并设法使学生体会寻求真理的乐趣。定理一般是在观察的基础上，通过分析、比较、归纳、类比、想象、概括、抽象而成的。这是一个思考、估计、猜想的思维过程。因此，定理结论的"发现"最好由教师引导学生完成，这样既有利于学生创造性思维的训练，也有利于学生分清定理的条件和结论，从而为学生进一步做出严格的论证奠定心理基础。

定理和公式的证明是数学教学的重点，因为它承担着双重任务，一是它的证明方法一般具有典型性，学生掌握了这些具有代表性的方法后可以举一反三。二是通过定理的证明可以发展学生的创造性思维。

总之，当一个命题出现在学生面前时，教师首先应该引导学生从整体上把握它的全貌，凭直觉预测其真假性，在建立初步确信感的基础上，通过积极的思维活动，从认识结构里提取有关的信息、思路和方法，最后再给出严格的逻辑证明。

（四）讲授知识的同时抓住知识之间的联系

"学而不思则罔，思而不学则殆。"思维是以知识为基础的，如果教师只是传授知识，而不注意说明它们之间的联系，那么学生所学的知识就像一盘散沙，杂乱无章。为使所学的知识结构化和系统化，"思"和"学"必须紧密结合。为此，教师在传授知识的同时，必须紧紧抓住知识之间的联系，对学生进行思维训练，使他们能够运用所学知识举一反三。如在《高等数学》中，极限是整个高等数学的基础。连续、导数、定积分、偏导数、重积分、曲线积分、曲面积分和无穷级数等，均建立在极限定义的基础之上。

教师在讲授这些知识的时候，应注意引导学生抓住知识之间的内在联系，从而使学生学到的知识得以结构化和系统化，这将有助于培养学生的数学思维能力。

（五）授课语言要求严密准确

思维是有意识的头脑对客观世界的反映，而且思维过程是不可见的，但思维的过程、结果是可以用语言等手段间接显示的。可以说，语言是思想的直接体现，思维的实际性表现在语言之中。无论是人类思维的产生，还是人类思维活动的实现以及思维成果的表达都离不开语言。在抽象思维中，概念离不开词语，判断离不开句子，推理离不开词句。

课堂教学中的信息传递主要是通过语言实现的。准确、严密地运用课堂语言是完成课堂教学任务的决定因素，对培养、开发和发展大学生的数学思维能力也大有好处。教师的讲述、学生对问题的回答，都应具有完整性、条理性和严密性，不能挂一漏万，捉襟见肘。

三、培养学生的创造性思维，提高学生的数学思维能力

创造性思维是指人们对事物之间的联系进行的前所未有的思考。创造性思维不但是能深刻揭示事物的本质和规律的主要思维形式，而且能够产生独特的、新颖的思想和结果。创造性思维是一种十分复杂的心理和智能活动。在高等数学教学中，教师可以从以下五个方面着手，培养学生的创造性思维：

（一）引导学生提出问题和发现问题

提出问题和发现问题是一个重要的思维环节。爱因斯坦说过："提出一个问题往往比解决一个问题更重要。"发现科学的第一个重要环节是发现问题。因此，引导和鼓励学生提出问题和发现问题是很有意义的。即使经过检验发现这个问题是错误的，但这个过程对学生思维的训练也是有益的。

（二）采用启发式的教学方式

培养创造性思维的核心是启发学生积极思考，引导学生主动获取知识，培养学生分析问题和解决问题的能力。比如，对数学中的问题或习题，教师主要应引导学生如何去想，从哪方面去想，从哪方面入手，怎样解决问题。

（三）鼓励学生大胆猜想

美籍匈牙利数学家波利亚在《数学的发现》一书中曾指出："在你证明一个数学定理之前，你必须猜想出这个定理；在你搞清楚证明细节之前，你必须猜想出证明的主导思想。"猜想，是一种领悟事物内部联系的直觉思维，常常是证明与计算的先导。猜想的东西不一定是真实的，其真实性最后还要靠逻辑或实践来验证，但它却蕴含着极大的创造性。在高等数学教学中，教师要鼓励学生大胆猜想，从简单的、直观的、特殊的结论入手，根据数形对应关系或已有的知识，进行主观猜测或判断，或者将简单的结果进行延伸、扩充，从而得出一般性的结论。

（四）训练学生的发散思维

发散思维是根据已知信息寻求多种解决方案的思维方式，即不墨守成规，从多方向思考，然后从多个方面提出新假设或寻求各种可能的正确答案。发散思维是创造性思维的主导成分。因此，在高等数学教学中，教师应采用各种方式对学生进行发散性思维能力培养。比如，教师在讲课时，对同一问题可用不同方法进行多方位讲解或给出不同解法；在总结知识时，可以从不同的角度进行总结概括。

（五）充分利用逆向思维

逆向思维的基本特点是：从已有思路的反方向去思考问题。如前文所说的，顺推不行，就考虑逆推；直接解决不行，就想办法间接解决；正命题研究过后，研究逆命题；

探讨可能性却遇到困难时，就考虑探讨不可能性。这样的思维有利于学生克服思维习惯的保守性，往往能产生一些意想不到的效果，从而促进学生数学创造性思维的发展。培养学生的逆向思维可从以下几个方面去做：第一，注意阐述定义的可逆性；第二，注意公式的逆用，逆用公式和顺用公式同等重要；第三，对问题的常规提法与推断方式进行反方向思考；第四，注意解题中的可逆性原则，如正面解题受阻时，可逆向思考。

四、培养数学元认知能力，提高学生数学思维能力

在众多的元认知定义中，以元认知研究的开创者美国发展心理学家约翰·弗拉维尔的界定最具代表性。1976 年，他将元认知表述为"个人关于自己的认知过程及结果或其他相关事情的知识"，以及"为完成某一具体目标或任务，依据认知对象对认知过程进行主动的监测以及连续的调节和协调"。1981 年，他对元认知做了更简练的概括：元认知就是"反映或调节认知活动的任一方面的知识或认知活动"。可见，元认知这一概念包含两个方面的内容，一是有关认知的知识，二是对认知的控制与调节。也就是说，一方面，元认知是一个知识实体，它包含静态的认知能力、动态的认知活动；另一方面，元认知也是一种过程，即对当前认知活动的意识、控制与调节过程。作为"关于认知的认知"，元认知在认知活动中起着重要作用。数学元认知能力，就是学生在数学学习中，对数学认知过程的自我意识、自我监控的能力，它以数学元认知知识和元认知体验为基础，并在对数学认知过程的评价、控制和调节中显示出来。就其功能而言，它对数学认知过程起指导、支配、决策、监控的作用。

高校数学教学更强调理解、领会教材，强调独立思考，强调自我管理。高校数学课程的主要内容是高等数学，高等数学中的问题解决可以说是创造性的数学思维活动。与其他较低水平的心理活动相比，高等数学问题的解决更需要元认知的统摄、调节和监控。因此，在高等数学教学中培养学生的数学元认知能力，对提高学生的数学学习成绩、优化学生的思维品质乃至提升学生的综合素质都具有重要作用。

教师在数学教学中应充分尊重学生在学习中的主体地位，采用科学的教学方法，有目的、有计划地对学生进行元认知的培养和训练。首先，教师应该丰富学生的元认知知识，教给学生提升元认知能力的策略。其次，教师要加强对学生元认知操作的指导，提升学生的自我规划、自我控制、自我评价能力。此外，教师应培养学生的数学反思能力

和概括总结等习惯。

五、培养学生积极的数学态度，提高学生的数学思维能力

高等数学的教学内容不仅仅是数学知识，还应包括对数学的精神、思想和方法的学习与领悟、数学思维方式的形成、对数学的美学欣赏、对数学的好恶以及对数学产生的文化价值的认识。这些都属于对数学的态度。态度是指影响个体行为选择的心理状态，积极而正确的数学态度有利于学生数学思维能力的培养。

（一）数学态度包含的内容

1.对数学学科的认识

对数学学科的认识，也可称作数学观或数学信念。当我们向学习过数学的人提出"什么是数学"的问题时，他的回答就代表他的数学观。大学生对数学学科的认识一般停留在"数学就是逻辑，数学就是计算与推理，数学是思维的体操，数学是一种工具，数学就是一大堆定理和公式，数学就是解题"等层次。教师应通过高等数学教学，让他们对数学学科的认识上升到"数学是一种科学的语言，数学是一种思想，数学是一种理性的艺术，数学是一种文化"这样的更高的层次。

2.对数学美的欣赏以及对数学中辩证思想的感受与认识

对数学的简洁美、和谐美、统一美、奇异美的认识，对高等数学中的有限与无限、常量与变量、曲与直、精确与近似等矛盾对立统一体的辩证认识，实际上就是对数学的哲学认识。恩格斯认为："微积分，本质上不外是辩证法在数学方面的运用。"这不仅仅是哲学家的思考，更能代表恩格斯对数学的情感体验。接受数学教育的学生不一定有这么高的认识，但"形成有关这方面的一些初步认识"这一目标还是可以达到的。这种学习结果不仅仅体现在欣赏与感受上，还体现在对个体的思维方式的影响上，并能迁移到其他领域中去，对学习和研究都有很大的意义。比如，一些数学家对某些定理的推广研究，很多时候就是按美学原则进行的。

3.对数学的兴趣

大学生对思维的对象是否感兴趣是思维能力培养能否成功的重要因素。一个人如果对自己研究的对象缺乏兴趣，那么让他在自己所研究的领域进行创造性的思维活动几乎

是不可能的，因为他丧失了进行创造的动力机制。爱因斯坦说过："在我们之外有一个巨大的世界，它离开我们人类而独立存在。它在我们面前就像一个伟大而永恒的谜……对这个世界的凝视和深思，就像得到解放一样吸引着我们，而且我不久就注意到，许多我们尊敬和敬佩的人，在专业从事这项事业的过程中，都找到了内心的自由和安宁。"显然，兴趣是思维的动力。

4.持之以恒

持之以恒，永不放弃，对获得学术成功是十分重要的。思维是一项艰苦的活动，只有努力坚持才会有回报。有些学生一碰到困难任务就退缩，没有开始就败下阵来，有些则半途而废。不管一个人有多高的天分，也不管他对自己的思维对象怀有多么强烈的兴趣，如果他是浮躁的、缺乏意志力的，就不会把自己的注意力锲而不舍地集中在自己的思维对象上。思考是一件极其艰辛的劳动，没有顽强的意志力是什么也干不成的。中国当代数学家陈景润说过："做研究就像登山，很多人沿着一条山路爬上去到了最高点就满足了。可我常常要试 9～10 条山路，然后比较哪条山路爬得最高。凡是别人走过的路，我都试过了，所以我知道每条路能爬多高。"

5.正确看待错误

每个人都会犯错，关键是怎样对待自己所犯的错误。有的人能够从错误中学习，通过反思了解什么地方出了错，哪些因素导致了错误，发现并抛弃无效的策略，以改善思维的过程。认真研读前人的著作，特别是具有原创思维的大思想家的著作是认识和矫正错误的一个好方法。只有不断地与具有原创思维的第一流的思想家、科学家对话，才能锻炼我们的思维，激发我们的创造热情。

6.有合作精神

合作精神是我们这个时代所必需的，一个没有合作精神的人是很难取得较大成功的。一个优秀的思考者应具备较高水平的沟通和交流技巧，具备善于听取别人的意见来调整自己的思路、互助互让并达成一致的品质。如果没有合作精神，即使是最伟大的思想家也难以把思想变为行动。

（二）转变学生的数学态度

数学态度就是数学教学过程中情感体验的结果，它在每一节课中发生，又在一定阶段得到提升与沉淀。首先，高等数学教师在做教学设计时，要把数学态度列入教学方案；

其次，要看到许多学生在学习高等数学之前已形成了消极的数学态度，这势必会影响其对高等数学的学习。所以，教师要帮助这些学生扭转消极的情绪与认识，使他们逐渐形成积极的数学态度，提高学习的自信心。为此，高等数学教师要做到以下几点：

1.加强学习，提高自身素质

很多教师有较高的学历，对数学有自身的情感体验，但要想帮助学生在高等数学学习中形成积极的数学态度，还应该进一步提高自身的数学教育素质。一方面要多读一些与数学史、数学哲学、数学方法论、辩证法以及与美学有关的书籍；另一方面，还应加强对教育理论的学习，更新教育观念，以现代教育理念设计每一堂课，营造和谐、平等、民主、快乐的高等数学课堂氛围，把教学过程看作教师与学生交流的过程。这样的学习氛围对缓解学生的压力，避免数学学习焦虑的产生，进而得到愉悦的情感体验，形成良好的数学态度都是大有益处的。

2.以积极的数学态度引领学生形成稳定、积极的数学态度

要想引领学生形成稳定、积极的数学态度，就要求教师每一堂课都能以对数学的无限热爱、对数学美的无限欣赏以及对数学无限崇敬的精神状态出现在学生面前。教师对数学的这种积极情感定会感染学生，使他们对数学产生极大的兴趣，从而喜欢数学、热爱数学、增强学习数学的信心。这样一来，学生在每一堂课上得到的情感体验就会逐渐地稳定下来，并对他们后续的学习产生积极的影响。如果教师能够以积极的数学态度经常影响学生，并在具体的教学内容上将这种积极的态度体现出来，就会使这种积极的态度在学生的思维中扎下根，促使他们形成稳定的数学态度。

3.全方位、多角度促进学生形成积极的数学态度

虽然课堂是素质教育的主战场，是良好的数学态度形成的主要渠道，但由于一部分学生在应试教育以及其他因素的影响下，已经形成了相对稳定的消极的数学态度。所以，要扭转这部分学生的数学态度，单靠课堂教学是难以做到的。教师应全方位、多角度地想办法，以促成学生形成积极的数学态度。比如，课下访谈、组织课下学习小组、结对子等办法。此外，高等数学的课时非常紧张，涉及数学史与数学家传记的内容在课堂上不能占用过多的时间，因此教师可在课前或课后布置与教学内容相关的阅读作业，以增强学生学习高等数学的兴趣，进而取得良好的教学效果。

总之，培养学生的数学思维能力是现代社会发展的要求，落实它是一项艰巨的任务。

数学思维能力的培养是一项系统工程，涉及数学科学、心理学、教育学等专业理论，需要数学教师、教育工作者、教育管理者的共同努力。思维是一个广义的抽象的事物，它看不见、摸不着，只有有思想、有思考能力的人才能感受到它的存在。数学思维能力的形成与发展既受主观因素的影响，又因人而异，因此如何培养学生的数学思维能力，还有待我们进行更广更深的探讨。

第五章 高校学生数学应用意识的培养

第一节 数学应用意识概述

一、数学应用意识的界定

（一）意识的含义

人的心理是最高级的反映形式，意识是人所特有的心理现象。但心理学家对意识至今尚无一个统一的定义。本部分引用我国心理学教授潘菽对意识所下的定义，即意识就是认识。具体地说，一个人在某一时刻的意识就是这个人在那个时刻，在生活实践中对某些客观事物的感觉、知觉、想象和思维等的全部认识活动。如果一个人只有感觉和知觉而没有思维方面的认识活动，那他就不会有意识。例如，我们听到了呼唤声，在心理上可能会有两种反应：一是我们只是听到了一种声音，由于当时正集中精力从事某种工作，并未理会这是一种什么声音，因而可能"听而不闻"；另一种情况是，我们不但听到了声音，而且还知道这种声音是对自己的呼唤，并且做出相应的应答。在前一种情况下，虽然我们有某种感觉，但不能说我们是有意识的。只有在第二种情况下，才能够说我们是有意识的。

（二）数学应用意识的内涵

数学应用意识在本质上就是一种认识活动，是主体主动从数学的角度观察事物、阐述现象、分析问题，用数学的语言、知识、思想方法描述、理解和解决各种问题的心理倾向。

二、培养学生数学应用意识的必要性

（一）适应数学内涵的变革

从古希腊开始，纯粹数学一直占据数学科学的核心地位，它主要研究事物的量的关系和空间形式，以追求概念的抽象与严谨、命题的简洁与完美是数学的真谛。20 世纪以后，这种状况发生了根本改变，数学以空前的广度与深度向其他科学技术和人类知识领域渗透，再加上电子计算机的普及，使得数学的应用突破了传统的范围，正在向包括从粒子物理到生命科学、从航空技术到地质勘探在内的一切科技领域进军，乃至向人类几乎所有的知识领域渗透。这一切都证明数学本身的性质正在经历一场脱胎换骨的变革，人们对"数学是什么"有了新的认识，即从某种意义上说，数学的抽象性、逻辑性是对数学内部而言的，数学的应用性是对数学外部而言的。人类认识与理解宇宙世界的变化，显然应该从同一核心出发向两个方向（数学的内部和数学的外部）前进。因此，数学教育应该培养学生的应用意识，改变数学教育只重视发展需要的倾向。

（二）促进建构主义学习观的形成

建构主义学习观认为，数学学习并不是对外部信息的被动接受，而是一个以学习者已有的知识与经验为基础的主动建构思维的过程。建构理论强调认识主体内在的思维建构活动，与素质教育重视人的发展是一致的。现今的数学教育改革以建构主义理论为指导，强调数学学习的主动性、建构性、累积性、顺应性和社会性。其中，前四条性质受认知主体的影响较大，而社会性是指主体的建构活动必然要受外部环境的制约和影响，特别是要受学生生活的社会环境的影响。随着科学技术的飞速发展，学生的生活环境、社会环境与过去相比发生了较大的变化。科学技术的发展使学生的生活质量普遍提高。同时，报纸、杂志、电视、广播及计算机网络等多种大众传媒的普及，扩大了学生获得信息的渠道，开阔了学生的视野，丰富了学生的经验和文化。因此，数学教育的改革不应忽视这些对学生发展有重要影响的因素。

数学的发展，特别是应用数学的发展，使人们感受到数学与现实生活之间存在着紧密的联系。因此，在数学教学中适当增加数学在实际中的应用的内容，有利于激发学生的学习动机，提高他们学习的主动性和积极性。学生通过对现实生活中的现象与事物的观察、试验、归纳、类比和概括来积累学习数学的事实材料，并由事实材料抽象出概念体系，进而建立起对数学理论的认识。当然，其中也包含了探索数学理论是如何应用的过程。这样的学习过程，才符合建构主义对学习的认识。

（三）推动我国数学应用教育的发展

我国数学应用教育的发展在历史上一波三折。原来的教学大纲虽然在一定程度上反映了重视数学应用的思想，但在实际上还是把着眼点放在了培养"三大能力"上，特别是逻辑思维能力上。随着社会对数学需求的变化，数学应用教育培养学生的侧重点也有所改变。因此，帮助广大接受数学教育的人在学习数学知识和技能的同时，树立应用数学的意识是数学教育改革的宗旨。正如曾任北京师范大学教授的严士健所说："学数学不是只为升学，要让他们认识到数学本身是有用的，让他们碰到问题时能想一想：能否用数学解决问题，即应培养学生的应用意识，无应用本领也要有应用意识，有无应用意识是不一样的，有应用意识的人遇到问题就会想办法，工具不够就去查。"

第二节 影响学生数学应用意识培养的因素剖析

一、教师的数学观

很多研究表明，课程与教材的内容、教育思想等都会影响教师的数学观，而教师的数学观又与其课程教学内容有着密切的联系。教师在不同的数学观的作用下会营造出不同的学习环境，从而影响学生的数学观以及学习结果。在传统数学教学中，教师把数学看成一个与逻辑有关的、有严谨体系的、关于图形和数量的精确运算的一门学科，于是学生体验到的数学就是一大堆法则的集合。解决数学问题的方法便是代入适当的法则，然后得出答案。尽管教师一致强调数学与社会实践以及与日常生活之间的联系，但却把在日常生活中有广泛应用的数学知识，如估算、记录、观察、数学决定等方面的知识看成与数学无关的内容。

教师在教学实践中对数学应用存在以下认识，如将应用数学等同于会解数学应用题，把数学应用固化为一种绝对的静态的模式。事实上，数学应用题是实际问题经过抽象、提炼、形式化、重新处理以后得出的带有明显特殊性的数学问题，它仅仅是学生了解数学的一个窗口，是数学应用的一个阶段。如果把数学应用囿于让学生学会解决各种类型的数学应用题，那数学应用就会沦为一种僵化的解题训练，从而失去鲜活的色彩。教师应该清楚地认识到，对同一个问题，应用不同的数学知识和方法可能得出不同的结论，从数学观点来看它们都是正确的，哪一个结论更符合实际要靠实践检验，它是一个可控的、动态的思维过程。因此，我们强调数学应用，绝不是搞实用主义，忽视数学知识的学习，而是注重在应用中学，在学中应用，体现"源于生活，寓于生活，用于生活"的数学观。部分教师之所以会对数学应用存在这样的片面认识，是因为他们所持的数学观是静态的、绝对主义的数学观和工具主义的数学观。

二、学生的数学观

先看这样一组统计资料：

约有 1/3 的学生认为数学就是计算，解题就是为了求出正确答案；

不少学生只有在课堂上和考试时才感觉数学有用，离开了教室和考场就感觉不到数学的存在；

理科成绩优秀的学生中超过半数的人不愿意学习数学专业或与数学有着密切关系的专业，甚至一些全国高中数学联赛的获奖者也毅然放弃被保送到高校学习数学的机会。

上述种种现象表明，学生对数学的理解和看法具有简单性和消极性，他们的数学观是不完善的、片面的。对有这样认识的学生，很难说他们具有良好的数学应用意识。

一般地，数学观是人们对数学的本质、数学思想及数学与周围世界的联系的根本看法和认识。有什么样的世界观就会有什么样的方法论。一个人的数学观支配着他从事数学活动的方式，决定着他用数学处理实际问题的能力，影响着他对数学乃至整个世界的看法。因此，关注学生的数学观，是为了让教师认识到，从建立学生良好数学观的角度出发来设计教学活动，才能谈得上培养学生的数学应用意识。高校学生至少应具备如下的数学观：数学与客观世界有密切的联系；数学有广泛的应用；数学是一门反映理性主义、思维方法、美学思想并通过对数与形的研究揭示客观世界和谐美、统一美的规律的学科；数学是在探索、发现的过程中不断发展变化的，它是一门包含尝试、错误、改正与改进等学习过程的学科。

学生形成现有的数学观的原因如下：

把数学等同于计算。在我国数学史上，有关算术和代数的成果比几何要多，即便是几何研究，也偏重计算。反映在教材上，无论是小学教材，还是中学教材，或是大学教材，数学计算内容远多于数学证明内容。

把数学看成一堆概念和法则的集合。教师在教学中多采用精讲多练的方式，把注意力更多地放在做题上。久而久之，学生因看不到或很少看到概念与概念之间、法则与法则之间、概念与法则之间、章节之间、科目之间存在着的深刻的内在联系，从而对数学的应用产生上述误解，也就难以体会到数学的威力、魅力和价值。

对数学问题的观念呆板化。现有资料给学生提供的数学问题，如教科书上的练习题、复习题，或者考试题，都是常规的数学题，都有确定的或唯一的答案，学生较少遇到应用题。即使遇到，这些应用题大多也已经过教师的"解剖"而转化为可识别的或固定的一种题型。

学生看不到或很少看到活生生的数学问题。现实生活中存在着丰富多彩的与数学相关的问题，然而由于各种原因，它们与学生的数学世界隔离开来。多数学生对这些问题认识肤浅，甚至没有认识，从而严重影响了学生数学应用意识的形成。

三、教学方法存在问题

受多种因素的共同影响，传统的数学教育既不讲数学是怎么来的，也不讲数学怎么用，而是"掐头去尾烧中段"，直接讲推理演算。过去的教学方法主要是"注入式"的，现在虽提倡并部分实施"启发式"的教学方法，也不过是精讲多练；教学中强调学生对数学概念的理解以及数学定理、公式的证明和推导，对各种题型进行一招一式的训练，注重学生对知识和解题技巧的记忆和模仿，而忽视了从实际出发的教学要求；对应用题教学，忽视有计划、有针对性的训练，不能把应用意识的培养落实到平时的教学及每一个教学环节之中。

任何数学知识都有其发生和发展的过程，教学过程中的"掐头去尾"实际上剥夺了学生理解"数学真实的一面"的机会，导致学生对数学的认识狭隘、片面。题型的训练在短期内会取得一定的效果，但长期如此，学生很难体会到对学习数学真正有用的东西——数学思想。这种教学只能将学生培养成考试的"工具"，而不可能培养学生强烈的数学应用意识。

第三节 培养学生数学应用意识的教学策略

一、教师要确立正确的数学观

前面探讨了影响学生数学应用意识培养的因素，从表面上看，教师对数学应用认识的误区，学生对数学应用的片面认识，以及教材、传统教学方法的不足等都是教学实践中培养学生数学应用意识的障碍。然而，如果从数学认识的角度出发看这些原因，不难发现矛盾集中在教师对数学的认识上。若教师持有的是静态的数学观，则其对"数学应用"的认识存在明显的不足，教师在这种数学观的指导下设计的有关数学应用的教学活动，就不能很好地达到培养学生数学应用意识的目的。

学生的数学观是在其参与数学学习活动的过程中形成的，受教育的各种因素的影响和作用，其中主要影响因素是课堂教学中教师的数学观。教师的数学观是教师实施数学教育活动的灵魂，它不仅影响着学生数学观的形成，还影响着教师教育观的重构及教师的教育态度和教育行为，进而影响教育的效果。如果教师认为数学是"计算+推理"的科学，那么他在教学中就会严守数学知识本身的逻辑体系，只会更多地注重数学知识的传授，强调培养学生的运算能力、逻辑思维能力和空间想象能力，而不去关心数学知识的学习过程及数学应用问题。

是否应该强调数学应用，如何讲数学应用，这里有个观念问题。我国历来是重视理论联系实际的，数学教材里也设置了一定数量的实际应用题。但在教学实践中却出现了只把它们当作专项题型来练习的现象。数学应用不应局限在给出数据、套公式这种形式的应用，它应该包含知识、方法、思想的应用及数学应用意识。在这样的观念下，我们有必要认识与数学应用相关的几个问题：

（一）允许非形式化

形式化是数学的基本特征，即应在数学教学中努力体现数学的严谨化推理和演绎化证明的重要性。然而在建立每一个数学概念、发现每一个定理的过程中，非形式化手段都是必不可少的。但由于人们看到的通常都是数学成果，且它们主要表现为逻辑推理，所以人们往往会忽视推导的艰难历程以及在此过程中使用的非逻辑、非理性的手段。再加上传统教学"掐头去尾烧中段"的特点，恰好忽略了过程，忽略了学生在有关实验、直观推理、形象思维等方面的体验，使得学生对数学只知其一不知其二。在数学的实际应用中，处理的具体问题往往以"非形式化"的方式呈现。因此，要想培养学生的数学应用意识，必须改变"把形式化看成数学的灵魂"这一观念。教师应正确理解数学理论，即形式化的理论只是相应的数学活动的最终产物。数学活动本身必然包含非形式化的成分。教师在数学概念教学中，应考虑对数学概念的直观背景的陈述以及数学直觉的应用。"不要把生动活泼的观念淹没在形式演绎的海洋里""非形式化的数学也是数学"，数学教学要从实际出发，从问题出发，对概念类知识进行讲述，最后落实到应用层面。

（二）强调数学精神、思想、观念的应用

教学中所讲的数学应用，侧重把数学作为工具，用于解决那些可数学化的实际问题。事实上，数学中蕴含的组织化精神、统一建设精神、定量化思想、函数思想、系统观念、试验、猜测、模型化、合情推理、系统分析等，都在人们的社会活动中有着广泛的应用。对数学应用的正确认识，必然包括一点：数学应用不是"应用数学"，也不是"应用数学的应用"；不是"数学应用题"，也不是简单的"理论联系实际"；而是一种通识、一种观点、一种意识、一种态度、一种能力，包括运用数学的语言、数学的结论、数学的思想、数学的方法、数学的观念、数学的精神等。

要在数学应用问题的教学中显示出数学活动的特征，教师的数学观就显得尤为重要。如果教师对数学有以下认识："数学的主要内容是运算""数学是有组织的、封闭的演绎体系，其中包含相互联系的各种结构与真理""数学是一个工具箱，由各种事实、规则与技能累积而成""数学是一些互不相关但都有用的规则与事实的集合"，那么任何生动活泼的数学教学活动都会变成静态的解题式训练。为了应付考试，数学应用题教学已变成题型教学。如果教师能认识到"数学是以问题为主导和核心的一个连续发展的学科，这些问题在发展过程中，生成了各种模式，并被提取成为知识"，那么就不难理解数学应用意识的培养不是讲几道应用题就能实现的。教师应注意加强数学教学内容与

现实世界的密切联系，使学生经历数学化和数学建模这些生动的数学活动的过程，这样做将会让学生对数学的认识有很大改观。

"鸡兔同笼"是中国古代著名的趣题之一。大约在 1 500 年前，《孙子算经》中就记载了这个有趣的问题。对这个问题，书中是这样叙述的："今有雉、兔同笼，上有三十五头，下有九十四足。问：雉、兔各几何？"这四句话的意思是：有若干只鸡和兔子同在一个笼子里，从上面数，有 35 个头；从下面数，有 94 只脚。问笼中各有几只鸡和兔子？美国宾夕法尼亚州立大学数学教授杨忠道先生 1988 年撰文回忆，他小学四年级时的数学教师黄仲迪先生是如何讲授此题的，并认为黄先生讲解的"鸡兔同笼"激起了他本人对数学的兴趣，成了他数学工作的起点。黄先生讲解此题时不是直接给人结论，而是先给出求鸡兔个数的公式，着重于获得结论的过程，引导学生在获得结论的过程中进行观察、分析、思考。

综上所述，从数学应用的实际教学及学生形成的数学观来分析，教师在静态的、工具主义的数学观的指导下设计的教学问题，不利于学生的应用意识的培养，动态的、文化主义的数学观应受到教师的重视，而且教师应努力地将其应用到教学中，以培养学生的数学应用意识。同时，必须把握一点：数学应用不仅是目的，也是手段，是实现数学教育其他目的不可或缺的重要手段，是提高学生全面素质的有效手段。学生要在应用中建构数学思想、理解数学；在应用中进行价值选择，在应用中学会创新，求得发展。

二、加强数学语言教学，提高学生的阅读理解能力

数学阅读是一个完整的心理活动过程，它包括语言的感知和认读、新概念的同化和顺应、阅读材料的理解和记忆等，同时它也是一个不断分析、推理、想象的积极能动的认知过程。也就是说，数学阅读是一个提取、加工、重组、抽象和概括信息的动态过程。由于数学语言具有高度抽象性，数学阅读需要较强的逻辑思维能力。在阅读过程中，学生必须认识、感知阅读材料中有关数学的术语和符号，理解每个术语和符号的含义，并能正确依照数学原理分析它们之间的逻辑关系，最后达到对材料的本质的理解，形成完整的认知结构。

应用题的文字叙述一般都比较长，涉及的知识面也较为广泛。阅读并理解题意成为解应用题的第一道关卡，不少学生正是由于读不懂题意而在解决问题的过程中频频遇到

障碍。因此，教师可从以下方面入手：一是要提高学生对数据和材料的感知能力与对问题形式结构的掌握能力，使学生能够将实际问题转化为数学问题，然后用数学知识和方法去解决问题。二是要提高学生的阅读理解能力。在具体操作中，教师要告诉学生应耐心细致地阅读题目，碰到较长的语句时，可以在关键词和数据上标注记号以帮助自己阅读理解，同时必须弄清每一个名词和每一个概念，搞清每一个已知条件和结论的数学意义，挖掘实际问题对所求结论的限制等隐含条件。在阅读题目的过程中，还要对问题进行必要的简化，用精确的数学语言来翻译一些语句，使题目简明、清晰。

三、数学应用意识教学应体现"数学教学是数学活动的教学"

从数学的本质来看，数学是人类的一种创造性活动，是人类对外部物质世界与内部精神世界的一种理解模式，是关于模式与秩序的科学。传统的数学教学是按严密的逻辑方式展开的，在这样的教学方式下，数学成为一种僵化的和封闭的规则体系。这仅仅反映了数学是关于秩序的科学的一面，而数学更是关于模式的科学，是一门充满探索的、动态的、渐进的思维活动的科学。

在教学实践中，要体现"数学教学是数学活动的教学"，把握"数学是一门模式的科学"这一数学本质。"数学教学是数学活动的教学"具体体现为两方面：

一是数学活动是学生经历数学化过程的活动。数学活动就是学生学习数学，探索、掌握和应用数学知识的活动。简单地说，在数学活动中要有数学思考的含量，数学活动不是一般的活动，而是能够让学生经历数学化过程的活动。数学化是指学习者从自己的数学现实出发，经过自己的思考，得出有关数学结论的过程。

二是数学活动是学生自己建构数学知识的活动。从建构主义的角度看，数学学习是指学生自己建构数学知识的活动。在开展数学活动的过程中，学生与教材（文本）及教师产生交互作用，形成了数学知识和技能，发展了情感态度和思维品质。

每位数学教师都必须深刻认识到，是学生在学习数学，学生应当成为主动探索知识的"建构者"，学生绝不只是模仿者。

"数学应用"指运用数学知识、数学方法和数学思想来分析和研究客观世界的种种表象，并加工整理和获得解决问题的方法的过程。从广义上讲，学生的数学活动中必然包含数学的应用。数学应用主要体现在两个方面：一个方面是数学的内部应用，即学生平常对数学基础知识的系统学习；另一方面是数学的外部应用，即数学在生活、生产、科研实际问题中的应用。数学应用不能等同于"应用数学"，要让学生学会"用数学于现实世界"。教师要改变目前教学中只讲概念、定义、定理、公式及命题的纯形式化数学的现象，还原数学概念、定理、命题产生及发展的全过程，体现数学思维活动的教学思想。只有认清这一点，才能在高校数学教育中培养学生的应用意识和能力。

为了使学生经历应用数学的过程，数学教学应努力体现"从问题情境出发，建立模型，寻求结论，应用于推广"的基本过程。针对这一要求，教师应根据学生的认知特点和知识水平，使学生认识到数学与现实世界的联系，通过观察、操作、思考、交流等一系列活动逐步发展自己的数学应用意识，形成初步的实践能力。这个过程的基本思路是：以比较现实的、有趣的或与学生已有知识相联系的问题引起学生的讨论；在解决问题的过程中，让学生带着明确的解决问题的目的去了解新知识，形成新技能，反过来解决原先的问题；让学生在这个过程中体会数学的整体性，体验策略的多样化，强化数学应用意识，从而提高解决问题的能力。

在实际教学中，教师应注意以下几点：

第一，切实进行思维全过程、问题解决全过程的教学。从现实背景出发引入新的知识，教师需要讲清知识的来龙去脉，让学生发现问题，从数学的角度分析问题并探索解决问题的途径，验证并应用所得结论的全过程。在此过程中要注意一点，上述过程要由教师引导学生按步骤体验，切忌由教师全盘端出。

第二，不能简单地把"由实际问题引入数学概念"看作只是"引入数学教学的一种方式"，而应站在数学应用的高度，将它视为数学地思考实际问题的训练，也就是把现实问题数学化的过程。

第三，对数学理论的应用，不能简单地认为其目的只是加深对理论的理解和掌握，而要站在数学应用的高度来认识它，其着眼点在于对数学结果的解释与讨论，对用数学解决实际问题的意义和作用的分析。

第四，加强对数学应用的教学。

教师在设计教学活动时，还应遵循如下原则：

第一，可行性原则。数学应用教学应与学生所学的数学知识相配合，与现行教材有机结合，与教学要求相符合，与课堂教学进度保持一致，不可随意加深、拓宽，增加学生的学习负担，脱离学生的学习实际。所以，教师要把握好"切入点"，引导学生在学中用、在用中学。

第二，循序渐进原则。不同学段的学生在数学应用的过程中有不同的侧重，因此在应用数学解决实际问题时，教师应考虑学生的认知特点和实际水平，做到由浅入深，以利于排除学生畏惧数学应用的心理障碍，调动学生的学习积极性，使数学应用教学收到良好的效果。例如，对处于感知和操作阶段的学生，教师在教学中应以学生熟悉的生活、感兴趣的事物为背景为其提供观察和操作的机会；对已经能够理解和表达简单事物的性质、能领会事物之间简单关系的学生，教师应注意在结合实际问题时，强化学生对数学知识之间的联系的体验，进一步让学生感受数学与现实生活的密切联系；对抽象思维已有一定程度的发展且具备初步推理能力的学生，教师应更多地运用符号、表达式、图表等数学语言，联系数学以及其他学科的知识，在比较抽象的水平上提出数学问题，加深学生对数学语言的理解。

第三，适度性原则。教师在数学应用的实际教学中应掌握好几个"度"（难度、深度、量度等）。进行数学应用教学并不仅仅是为了给学生扩充大量的数学课外知识，也不仅仅是为了解决一些具体问题，还为了培养学生的数学应用意识，培养学生的数学素质和数学能力。

四、激发学生学习数学的兴趣，提高学生的数学应用意识

学生对数学的内在兴趣是其学习数学的强大动力。爱因斯坦说过："兴趣是最好的教师，它永远胜过责任感。"只有当学生对数学产生浓厚的兴趣，思维达到"兴奋点"，他们才会积极主动地去探究数学问题，带着愉悦、激昂的情绪去面对和克服一切困难，去比较、分析、探索认识对象的发展规律，展现自己的智慧和才干；也只有充分发挥学生作为主体的能动作用，学生才能在数学学习中增强应用意识。在具体的教学中，教师可采用如下方法：

（一）创设数学情境

教师应尽量通过给学生提供有趣的、现实的、有意义的和富有挑战性的感性材料创设数学情境，引导学生从中发现问题、提出问题，并在"问题"的驱使下主动探索解决问题的方法。数学情境也是促进学生建构良好认知结构的推动力。

1.用实际问题引入新课

在课堂教学中，经常用实际问题引入新课，既能避免平铺直叙之弊，又能增强学生的应用意识。同时，也能给学生提供一个充满趣味的学习情境，激发他们对新知的探究热情。如教师在讲授"微分学的应用"之前，可运用"海鲜店李经理的订货难题"这样的实际问题引入新课：

某海鲜店距离海港较远，其全部海鲜的采购均通过空运送到店内。采购部李经理每次都为订货发愁，因为若一次订货太多，海鲜店采购的海鲜会卖不出去，而卖不出去的海鲜死亡率高且保鲜费用也高。但若一次订货太少，则一个月内订货批次必然增加，这样会造成采购运输费用过高，还有可能失去一些商机。

李经理为此伤透了脑筋，如果你是李经理的助手，请问你认为怎样帮助他选择订货批量，才能使每月的保鲜费用与采购运输费的总和最小？

2.在例题、习题教学中引入丰富的生活情境

荷兰数学家弗赖登塔尔的"现实数学"思想认为：数学来源于现实，也必须扎根于现实，并且应用于现实，数学教育如果脱离了那些丰富多彩而又复杂的背景材料，就将成为无源之水、无本之木。在例题与习题教学中，教师应根据学生的生活经验，创设逼真的、丰富的生活情境，激发他们的学习兴趣，吸引他们更加主动地投入课堂学习，这将更加有利于学生的数学应用意识的培养。

3.创设可进行实验操作的探究情境

教师可通过有目的地向学生提供一些研究素材来创设情境，让学生通过观察、实验、作图、运算等实践活动，探索规律，建立猜想，然后让学生通过严格的逻辑论证，得到概念、定理、法则、公式等。由此可以让学生有运用数学知识解决问题的成功体验。

（二）引导学生感受数学应用价值

在数学教学中，教师不仅应该关注学生对数学基础知识、基本技能及数学思想方法的掌握情况，还应该帮助学生拓宽视野，了解数学对人类发展的价值，特别是它的应用价值，让学生既有知识又有见识。数学与现代科技的发展使得数学的应用领域不断扩展，其不可忽视的作用被越来越多的人认同。环境科学、神经生理学、DNA 模拟、蛋白质工程、临床试验、流行病学、CT 技术、高清晰度电视、飞机设计、市场预测等领域都需要数学的支持。让学生了解数学的广泛应用，既可以帮助学生了解数学的发展情况，体会

数学的应用价值，激发学生学好数学的勇气和信心，又可以帮助学生领悟数学知识的应用过程。在实际教学中，教师既可以自己搜集有关资料并介绍给学生，也可以鼓励学生通过多种渠道搜集数学知识应用的具体案例，并相互交流，激发学生学习数学的兴趣，增强学生的数学应用意识。

五、重视课堂教学，逐步培养学生的数学应用意识

（一）重视介绍数学知识的来龙去脉

数学知识的形成来源于生产实践的需要。学生所学的知识大都来源于生产实践，包括学生的生活经验，这就为教师从学生的生活实际入手引入新知识提供了大量的背景资料。在数学教学中，教师应该让学生了解这些数学知识的来龙去脉，充分体会这些知识的数学应用以及它们的应用价值，逐步培养学生的数学应用意识。

（二）鼓励和引导学生运用数学进行思考，提出问题

从数学的角度描述客观事物与现象，寻找其中与数学有关的因素，是主动运用数学知识和方法解决实际问题的重要环节。例如，教师可以鼓励学生从数学的角度描述与出租车有关的数学事实（如车费与行驶路程、等候时间、起步价有关，耗油量与行驶路程有关）。因此，教师在教学中应努力为学生提供尽可能多的具有原始背景的数学问题，让学生自己抽象出其中的数学问题，并用数学语言加以描述。在数学教学中，教师可从以下几方面来设计问题：

1.注重数学与日常生活的密切联系

日常生活中的许多问题，如住房、贷款、医疗改革、购物等，都与数学有着密切的联系。教师在数学教学中可以结合教学内容，将这些实际问题引入课堂。

2.注重数学知识与社会的联系

数学的内容、思想、方法和语言已经渗透到社会生活的各个方面，经济发展离不开数学，高科技发展的基础在于数学。教师在日常教学中，可适当引入一些数学与社会现实联系的问题，如人口、资源、环境等社会问题。

3.注重数学与各学科的联系

随着科学技术的迅速发展，数学与各学科的联系越来越紧密，数学作为基本工具的作用越来越显著。因此，教师在教学中要体现数学与其他学科的联系，多引入一些与其他学科有关的知识，如数学与医学：抓住 CT 与几何学的关系，引出 CT 的数学原理；数学与生物：利用生物学中细胞分裂的实例可加深学生对指数函数的理解。教师将这些问题与课本知识进行沟通与衔接，既能够增强学生利用数学知识的主动性，又能够强化学生的创新意识。

4.注重数学与各专业的联系

对高校来说，数学是一门基础课程，是学习其他专业课程的基础。在强调"适度，够用"要求和数学课时数缩减的情况下，数学教学应注重与各专业的联系，有针对性地选择一些与各专业教学内容相关的问题。比如，对市场营销专业的学生，可以向他们介绍一些关于进货优化问题的数学知识，如当需求量随机时，选择何种方案能够使总利润最大；对物流专业的学生，可以向他们介绍一些与图论有关的实例，如七桥问题、商人过河问题等，使他们了解图论的思想，为以后学习专业知识打下基础；对机电类各专业的学生，则可以结合导数向他们介绍与速率、线密度等问题有关的数学知识。

（三）为学生解决实际问题创造条件和机会

学生不仅生活在学校中，还生活在家庭和社会中，教师可以从学校生活、家庭生活和社会生活中选择有意义的活动让学生参与，或让学生走出课堂，去主动实践。创造机会让学生亲身实践是培养学生数学应用意识的有效手段。

1.教学内容中可增加贴近生活的应用题

比如，据《市场报》1993 年 11 月 2 日报道的一则消息，成都物业投资总公司为了让住房十分紧张的市民买到低档房屋，特意建造了一批每平方米售价仅为 1 188 元的住房，3 年后该公司将全部购房款还给房主，这叫"3 年还本售房"。某居民为解决住房困难，筹款购买了 70 平方米的住宅。试问：该居民实际上用多少钱购买了这套住宅？（精确到个位，假设 3 年期储蓄的年利率是 3.24 %）这道题是根据报纸上的报道设计的应用题。这道题既可用学生掌握的数学知识解决，又与目前深化住房制度改革的形势密切相关。因此，学生对这一问题会很感兴趣，能够激发学生应用数学知识参与社会实践的兴趣。

2.教师应努力挖掘有价值的研究性活动

从某种程度上说，课外活动对学生的自主性、独立性、选择性、创造性以及应用能力培养的意义是课堂教学活动难以替代的。适当地增加课外专题学习、开展研究性活动是对课堂教学活动的一种有益补充。比如，教师可以给学生布置一些研究性课题：①某商店某一类商品每天毛利润的增减情况；②银行存款中年利率、利息、本息、本金之间的关系；③如何估算某建筑物的高度。让他们围绕这些研究性课题展开调查，尽可能多地让他们了解与题目相关的社会生活知识。然后让学生在教师的启发下，将这些实际问题转化为数学问题并选择适当的方法加以解决。对于这类实践活动，学生先要明确研究的因素以及如何获取这些因素的相关信息，然后才能设法去搜集相关信息并对这些信息进行加工和分析，找出解决问题的具体办法。此时，教学的重点便不再只停留在数量关系的寻找上，而是侧重探索研究。这种探索研究一方面增加了学生解决实际问题的社会经验，有利于学生积累解答应用题的素材；另一方面培养了学生主动解决问题的习惯，激发了学生学习数学的兴趣，培养了学生的数学应用意识。

第四节 培养学生数学建模能力的教学策略

数学建模在科学技术发展中的作用越来越受到人们的重视，它已成为现代科技工作者必备的重要能力之一。培养学生的数学意识及运用数学知识解决实际问题的能力，既是高校数学教学目标之一，又是提高高校学生数学素质的需要。学生的数学素质主要体现在运用数学知识（数学思维）去解决实际问题，以及形成学习新知识的能力和适应社会发展的需要上。数学建模是解决数学问题的一种重要方法，从本质上来说，数学建模活动就是一种创造性活动，数学建模能力就是创新能力的具体体现。数学建模活动就是让学生经历"做数学"的过程，是学生养成动脑习惯和形成数学意识的过程；它为学生提供了自主学习的空间；有助于学生体验数学在解决实际问题中的价值和作用，体验数学与日常生活和其他学科的联系，体验综合运用知识和思想方法解决实际问题的过程，增强数学应用意识；有助于激发学生学习数学的兴趣，发展学生的创新意识和实践能力。

一、数学建模的含义

数学模型一般是实际事物的一种数学简化。描述一个实际现象可以有很多种方式，为了使描述更具科学性、逻辑性、客观性和可重复性，人们通常采用一种被普遍认为比较严格的语言来描述各种现象，这种语言就是数学。因此，数学模型是针对现实世界的一个特定对象、一个特定目的，根据其特有的内在规律，做出一些必要的假设，运用适当的数学工具，得到的一个数学结构。关于数学模型，目前还没有一个公认的定义。有人认为，数学模型是关于部分现实世界为一定目的而做的抽象、简化的数学结构。也有人将数学模型定义为现实对象的数学表现形式，或用数学语言描述的实际现象，是实际现象的一种数学简化。

建立数学模型的过程称为数学建模。数学建模是利用数学方法解决实际问题的一种实践，即通过抽象、简化、假设、引进变量等处理过程后，将实际问题用数学方式表达出来，建立数学模型，然后运用先进的数学方法及计算机技术进行求解。因此，数学建模就是用数学语言描述实际现象的过程。这里的实际现象既包含具体的自然现象，如自由落体现象；也包含抽象的数学现象，如顾客对某种商品持有的价值倾向。这里的描述不仅包括对外在形态、内在机制的描述，也包括预测、试验和解释实际现象等内容。

在现实世界中，许多自然科学问题和社会科学问题并不是以现成的数学问题的形式出现的。只有在数学建模的基础上才有可能利用数学的概念、方法和理论对这类问题进行深入的分析和研究，从而从定性或定量的角度，为解决现实问题提供精确的数据或可靠的指导。

数学建模是联系数学与实际问题的桥梁，是数学在各个领域得以广泛应用的媒介，是数学科学技术转化的主要途径。数学建模在不同的科学领域、不同的学科中取得了巨大的成就。例如，力学中的万有引力定律，电磁学中的麦克斯韦方程组，化学中的门捷列夫周期表，生物学中的孟德尔遗传定律等都是在经典学科中应用数学建模的范例。

二、数学建模的步骤

应用数学解决各类实际问题时，建立数学模型是十分关键的一步，同时也是十分困难的一步。在建立教学模型的过程中，人们需要通过调查和搜集数据资料，观察和研究实际对象的固有特征和内在规律，抓住问题的主要矛盾，建立起反映实际问题的数量关系，然后利用数学的理论和方法分析和解决问题。完成这个过程，需要有深厚扎实的数学基础、敏锐的洞察力、大胆的想象力，以及对实际问题的浓厚兴趣和广博的知识面。

一个合理、完善的数学建模步骤是建立一个好的数学模型的基本保证。数学建模讲究灵活多样，所以数学建模步骤也不能强求一致。下面介绍的"八步建模法"比较细致、全面，具体包括以下八个步骤：

（一）提出问题

能创造性地提出问题是成功解决问题的关键一步。很多问题没有被很好地解决的原因都是问题没有提好。这一步骤的关键在于明确建模目的和要建立的模型类型，即从问题情境以及获得的可信数据中可以得到什么信息，所给条件有什么意义，对问题的变化趋势有什么影响，并且要弄清该问题涉及的一些基本概念、名词和术语。通过对实际问题的初步认识和分析，明确问题情境，把握问题的实质，找准待解决的问题，提出明确的问题指标，明确建模的目的。

（二）分析变量

分析变量，即首先要将研究对象涉及的量尽可能地找准、找全，然后根据建模目的和要采用的方法，确定变量的类型是确定性的还是随机的，并分清变量的主次地位，忽略引起误差较小的变量，初步简化数学模型。在研究变量之间的关系时，一个非常重要的方法是数据处理，即对一开始获得的数据做适当的变换或其他处理，以便从中找出隐藏的数学规律。

（三）模型假设

模型假设是数学建模的基础，在进行假设前要将表面上杂乱无章的现实问题抽象、简化成数学的量的关系。模型假设是建模的关键一步。模型假设的成功与否在一定程度上决定了后续工作能否顺利展开，甚至关系到整个建模过程的成败。因为影响一个现实事件的因素通常是多方面的，我们只能选择其中的主要影响因素以及它们中的主要矛盾并予以考虑，但这种简化一定要合理，过分地简化会导致模型距离实际太远而失去建模意义。因此，要根据对象的特征和建模目的，对问题进行必要的、合理的简化，用精确的语言做出假设，充分发挥想象力、洞察力和判断力，辨别主次。而且为了使处理方法简单化，应尽量使问题线性化、均匀化。

（四）建立模型

在前三步的基础上，根据研究对象本身的特点和内在规律，以模型假设为依据，利用适当的数学工具和相关领域的知识，通过联想和创造性的发挥及严密的推理，最终形成描述研究对象的数学结构。简单来讲，这一环节要求尽可能用简洁清晰的符号、语言和结构将经过简化的问题进行整理性的描述，只要做到准确和贴切即可。建立的模型在表述上应尽可能符合一些已经成熟的规范，以便于应用已知结论求解以及应用与推广模型。

（五）模型求解

建立数学模型还不是建模的最终目的，建模是为了解决问题，因此还要对建立的数学模型求解，以便将其应用于实践。不同的模型要用不同的数学工具求解，可以采用解方程、画图形、定理证明、逻辑运算以及数值计算等各种传统的或近代的数学方法。随着信息科学的高速发展，在多数场合下，数学模型求解问题必须依靠计算机软件才能得到较好的解决。因此，熟练使用数学软件会为数学模型的求解带来便利，在解题的过程中起着不可替代的作用。

（六）模型分析

模型求解只是解决问题的初步阶段，因为在建立模型的过程中，只是近似地抽象出实际问题的框架，在设计变量、模型假设、模型求解等阶段，都会忽略掉一些实际因素，或者引入一些误差，使得数学模型仅是对问题的近似与估计，得到的结果也只是近似值或估计值。因此，在模型求解后有必要进行结果的检验分析与误差估计，以便了解所得结果在什么情形下可信，在多大程度上可信，也就是下面所论述的模型分析。

模型分析主要包括：误差分析，对各原始数据或参数进行的灵敏度、稳定性分析等。模型分析过程可简化为：分析—不合要求—重新审查并修改重建—合要求—评价、优化—解释、翻译成通俗易懂的语言。

（七）检验模型

检验模型，通俗地讲，就是把通过模型求解所得的数学结果解释为实际问题的解或方案，并用实际的现象、数据加以验证，检验模型的合理性和适用性。检验模型的方法主要包括以下两类：①实际检验：回到客观世界中检验，用实验或问题提供的信息来检验。②逻辑检验：一般是结合模型分析以及对某些变量的极端情况获取极限的方法，找出矛盾，否定模型。如果检验结果与实际情况相差太远，应当从改进模型的假设条件入手（出现这种情况可能是因为将一些重要的因素忽略了，也可能是将某些变量之间的关系进行了过分简化的假设），需修改或重新建立模型，直到得到比较满意的检验结果。

（八）模型应用

模型应用是建模的宗旨，也是对建模最客观、公正的检验，数学建模需要在实践的检验中多锤炼、提高、发展和完善。

以上提出的数学建模的八个步骤，各步骤之间有着密切的联系，它们是一个统一的整体，不能分开，在建模过程中应灵活应用以上步骤。

三、在高等数学教学中培养学生数学建模能力的必要性

（一）有利于培养学生的动手实践能力

在传统的数学教学中，大多是教师给出题目，学生给出计算结果。问题的实际背景是什么、结果怎样应用等问题在传统数学教学中很难得到体现。数学建模是一个完整的求解过程，要求学生根据实际问题抽象和提炼出数学模型，选择相应的求解算法，并通过计算机程序求出结果。在数学建模过程中，学生将学过的知识与周围的现实世界联系起来，对培养学生的动手实践能力很有好处，有助于学生毕业后快速完成角色的转变。

（二）有利于完善学生的知识结构

构建一个实际数学模型涉及多方面的问题，如工程问题、环境问题、军事问题、社会问题等。因此，数学建模有利于促进知识交叉、文理结合，有利于促进复合型人才的培养。另外，数学建模还要求学生具有很强的计算机应用能力和英文写作能力。数学建

模教会了学生面对实际问题时如何通过搜集信息和查阅文献，加深对问题的理解，构建合理的数学模型。这个过程就是学生自主学习、探索发现的过程。"授人以鱼，不如授人以渔。"通过这样的训练，学生具备了一定的自我学习的方法和能力，这与现代社会"人才应具有终身学习的能力"的要求是相符的。

（三）有助于培养学生的创新意识和创新能力

我国传统的数学课程过多地注重对确定性问题的研究，采用的是"满堂灌"的教学方式。这种教学方式容易导致学生形成"惰性思维"，难以充分展示学生的个性。而数学建模可以通过大量生动有趣的实例来激发学生的学习兴趣和学习热情。数学建模不同于传统的解题教学，在建模过程中没有固定的模式和固定的答案，即使是对同一问题进行研究，其采用的方法和思路也是灵活多样的。建模没有最好，只有更好。从对实际问题的简化假设，到数学模型的构造、数学问题的解决，再到模型在实际生活中的应用，无不需要创造性的思维和创新意识。数学建模可以培养学生的洞察力、想象力和创造力，提高学生解决实际问题的能力。

（四）有利于培养学生的团队精神

学生在毕业后，大多从事的是一线工作，而一线工作非常需要学生具备合作精神和团队精神。数学建模活动需要学生以团队的形式参加，通过全体同学在建模过程中的合理分工与协作来解决问题。集体工作、共同创新、荣誉共享，这些都有利于培养学生的团队精神，培养学生的协同创业意识。因此，数学建模活动的开展，有利于学生团队精神的培养。

总之，数学建模体现的创新思维意识、团队合作精神正是当今这个时代所需要的，培养学生的创新思维意识、团队合作精神是高校数学任课教师必须努力实现的目标，数学建模活动的开展也为高校数学课教学指明了方向。

四、数学建模的教学要求

第一，在数学建模中，问题是关键。数学建模的问题应是多样的，应来自日常生活、现实世界。同时，解决问题涉及的知识、思想和方法与高校数学课程内容有密切的联系。

第二，通过数学建模，学生将经历解决实际问题的全过程，体验数学与日常生活及其他学科之间的联系，感受数学的实用价值，增强数学应用意识，提高数学应用能力。

第三，每个学生都可以根据自己的生活经验发现并提出问题，对同样的问题，可以发挥自己的特长和个性，从不同的角度及层次探索解决问题的方法，从而获得综合运用知识和方法解决实际问题的经验，培养创新意识。

第四，学生应该在发现和解决问题的过程中，学会通过查询资料等手段获取信息。

第五，将课内教学活动与课外教学活动有机地结合起来，把数学建模活动与综合实践活动有机地结合起来。数学模型有广义和狭义之分，广义的数学模型包括从现实问题中抽象概括出来的一切数学概念、各种数学公式、方程式、定理以及理论体系等。其中，数学概念、命题教学都可看作广义数学模型的建立过程。狭义的数学模型是将具体问题的基本属性抽象出来成为数学结构的一种近似反映，是一种反映特定的具体实体内在规律性的数学结构。

五、培养学生数学建模思想的教学对策

（一）在理论教学中渗透建模思想

数学理论因实际需要而产生，是应用其他定理的前提。因此，教师在教学中应重视从实际问题中抽象出数学概念，让学生从模型中切实体会到数学概念是因有实用价值而产生的，从而培养学生学习数学的兴趣。例如，在讲定积分概念时，用求曲边梯形面积作为原型，让学生体会一定条件下"直"与"曲"相互转化的思想以及"化整为零、取近似、求极限"的积分思想。通过模型来学习数学概念，学生可以看到问题是如何提出的，从而对数学建模产生兴趣。同时，教师应重视传统数学课中重要方法的应用，例如利用一阶导数、二阶导数求函数的极值和函数曲线的曲率解决实际问题。

（二）在应用中体现建模思想

教师可以选择一些简单的数学课程内容，结合实际问题设计一些题目，根据建模的一般含义、方法、步骤对这些问题进行讲解，从而培养学生学习数学建模的兴趣，激发学生对数学建模的积极性，使学生具有初步的建模思想。例如，在自然科学及工程、经济、医学、体育、生物、社会等学科中有许多知识系统，有时很难找到这些系统中有关

变量之间的直接关系——函数表达式，但却能找到这些变量和它们的微小增量或变化率之间的关系式。这时便可采用微分关系式来描述这些系统，即建立微分方程模型。因此在教学过程中，教师应注意培养学生用上述工具解决实际问题的能力。

（三）在考核中增设数学建模环节

目前，考试仍然是高校考查学生学习情况的重要途径，但考试并不能充分体现出学生各方面的能力。除数学建模课程外，教师也可以设立数学建模考试环节，具体可将试题分为两部分：一部分是基础知识类试题，可以要求学生在规定时间内完成；另一部分是一些实用的开放性试题，可以参考数学建模竞赛的形式。这样不但能考查学生的能力，而且还能从中挖掘有潜质的学生，参加全国大学生数学建模竞赛。

（四）采取适合数学建模思维的教学方法

数学建模本身是一个不断探索、不断创新、不断完善和不断提高的过程，数学建模思维的培养需要学生具备一定的数学基础、广博的知识面和丰富的想象力。与其他数学类课程相比，数学建模课程具有难度大、涉及面广、形式灵活等特点，对教师和学生的要求相对比较高，教师必须采取适合数学建模思维的教学方法。

1.教师与学生双向互动的教学模式

在建模课程中要突出学生的主体性，充分发挥学生的主动性和积极性，充分体现学生作为活动主体应有的地位和作用。建模教学一般采用双向的教学方法，该方法有利于改变过去传统教学方式的单一性，强化"启发式"教学方法的实施。教师在建模教学中应适当减少讲解理论知识的时间，增加课堂交流的时间，给学生留下独立思考的空间，并增加课堂练习时间，便于教师及时掌握学生的学习效果。部分教学内容可以采用学生讲解、课堂讨论的形式，让学生自己当一次教师，并在学生讲解完相关内容后，组织全班展开讨论，鼓励其他学生提出疑问并发表不同的见解。最后，教师可以就其中出现的一些问题进行纠正或补充总结。教师要学会驾驭课堂，学会耐心倾听学生的意见，培养学生的求知欲望，激发学生的创新意识，培养学生的创新精神和创新能力，同时也要有意识地提出问题，以培养学生发现问题、解决问题的意识。

2.教学与自学相结合的教学方法

数学建模涉及的知识面比较广，不可能让学生先学会所有的知识再去建模，且仅靠课堂上所学的知识也难以圆满完成建模任务。这就要求学生利用丰富的网络学习资源不断地进行自我学习、自我充实。教师除了在课堂上向学生传授数学理论知识外，还应培养学生学会利用各种资源快速获取信息及掌握新知识的能力，指导学生利用图书馆、网络平台的书籍和论文，阅读与建模相关的资料。广泛的阅读学习可以开阔学生的视野，培养学生的自学能力。通过这样的训练，学生可以掌握一定的自我学习方法和具备一定的自我学习能力。事实表明，数学建模是激发学生学习欲望，培养学生主动探索、努力进取和团结协作精神的有力措施。

3.现代开放式的教学方法

在培养数学建模思想的过程中，教师可以引入开放式的教学方法，如探究式、研讨式、案例式、启发式等教学方法。教师在建模初始阶段应从简单的问题入手，引导学生初步掌握用数学形式刻画和构造模型的思想，培养学生积极参与和勇于创造的意识。随着学生能力的提升和经验的增长，教师可让其以实习作业或活动小组的形式展开分析讨论，分析每种模型的有效性，并提出修改意见，以确定讨论范围是否有进一步扩展的意义。这样，学生可以在不断发展中树立信心，学到知识。受思维定式的影响，很多学生认为数学问题只有一个标准答案，在解答完数学问题后，就不会再考虑是否还有其他方案，缺少创新思维。为此，教师应开拓学生的思维方式，引导学生积极讨论，鼓励学生从多个角度考虑问题，大胆提出不同的解决方案，鼓励学生另辟蹊径，让学生在小组讨论后说出各自的答案，集体评价各种思路的利弊。通过教师的引导、启发与集体讨论，学生会逐渐发现自己在认知方面的不足，并养成多方面、多角度考虑问题的习惯。

4.借助现代教学手段辅助教学

运用计算机工具解决建模问题，是促进数学建模教学的有效方法。教师可以利用多媒体进行建模学习，通过多媒体设备向学生展示生动有趣的案例、丰富多彩的图形和动画，从而激发学生学习建模的兴趣与热情。同时，教师应注重对学生运用计算机软件建立数学模型的能力的培养。学校应建立计算机交互式多媒体实验室，扩建原来的数学建模实验室，供广大数学建模爱好者使用，为数学建模教学创造良好的实验条件和环境。数学建模课可以整合开设，除了调整教学内容，增加最新技术成果及应用简介之外，还要增加知识模块之间的衔接，结合建模方法和教学软件来培养学生的探索兴趣与解决实际问题的能力。

六、培养数学建模能力的教学策略

要提高高校学生的建模综合能力，教师首先要在平时的数学课堂教学中，从对学生各项能力的培养入手：

（一）培养学生的双向翻译能力

实际应用问题一般以普通语言或图表语言的形式给出，而数学建模多是用符号描述的。所以，双向翻译能力是应用数学的基本能力，为了提高这方面的能力，教师在教学中应该做到：

1.注重数学概念、公式、定理的产生和发展的问题背景的教学

语言是问题描述的载体，不同的语言有不同的表现形式，学生能否准确、熟练地翻译这些语言十分重要，这直接决定了其建模能力的强弱。诸多数学概念、公式、定理的产生和发展都有着丰富的问题背景，这为教师在数学教学中训练学生的语言翻译能力提供了素材。教师应在数学教学中适当补充概念、公式及定理的应用性知识，充分体现知识产生于实践又服务于实践的全过程。

2.以思维方法为视角，精选、剖析优秀的数学建模竞赛试题和参赛作品

科学的思维方法是人们认识科学的手段，是使人们的思维运动通向客观真理的途径和桥梁。因此，教师在数学教学中必须重视科学思维方法的教育。精选往年典型的数学建模竞赛试题并引导学生分析、解答，引导学生研读优秀的参赛作品，无疑是提升学生语言翻译能力的有效途径。

（二）培养学生的解题能力

讲授数学建模的具体思维方法，可以培养学生的解题能力。具体思维方法是哲学思维方法、一般思维方法在数学学科某些特殊领域的特殊应用，是认识对象的特殊属性决定的特殊方法，有参数辨识建模方法、线性规划、多目标规划及各种统计方法等。如2000年 DNA 分类问题涉及的聚类分析方法，2002 年公交车调度问题中如何将多目标规划问题转化为单目标规划问题等。对具体事例的讲解，帮助学生熟练掌握这些方法的使用原则和处理问题的技巧，是提高学生解模能力的有效措施。此外，教师还应结合实验课中的实验内容，分层次、有目的地设计不同的题目，以锻炼学生应用数学软件包的能力。

（三）培养学生的观察和猜想能力

通过类比、引导等方法，可以培养学生的观察和猜想能力。

1.教给学生观察、猜想的方法

达尔文说过："最有价值的知识是关于方法的知识。"在数学教学中，教师应该有意识、有目的、有步骤地对学生进行观察、猜想的方法的教学，帮助他们掌握科学的观察、猜想的方法。如介绍一些数学家的著名猜想及其发展脉络，通过追踪数学家的猜想思路获得猜想的思维方法，如探索性猜想方法、类比性猜想方法等。强化过程教学，培养学生的判断能力、否定意识及创新精神。结合数学史料进行教学，让学生在学习中体验科学家创造知识成果的艰难、曲折的历程，感受科学家为追求真理而献身的崇高境界，从而逐渐培养学生实事求是、独立思考、勇于创造和不畏艰难的科学精神。

2.加强传统数学课、实验课教学，培养学生观察、猜想的能力

数学中的许多著名公式与定理都是数学家通过细心观察、归纳、类比等过程提炼出来的，这为培养学生的观察能力提供了丰富的"土壤"。

在概念、定理以及公式的教学中，结合该课型的特点，注意分析概念、定理以及公式的产生过程，通过比较它们的各个侧面、特点和差异，引导学生概括出它们的共同本质，进而抽象出新概念、新理论。如随机变量概念的引入和建立，学生可以从骰子的点数、产品中次品的件数等数字表示的事件入手，观察其特点。然后，将非数字表示的随机事件数字化，再观察其特点，最终抽象概括出建立在样本空间（事件域）上的函数——随机变量。

参考文献

[1]苏建伟.学生高等数学学习困难原因分析及教学对策[J].海南广播电视大学学报，2015(2)：151-154.

[2]温启军，郭采眉，刘延喜.关于高等数学学习方法的研究[J].吉林省教育学院学报（上旬），2013，29(12):1-3.

[3]黄创霞，谢永钦，秦桂香.试论高等数学研究性学习方法改革[J].大学教育，2014(17)：19-20.

[4]刘涛.应用型本科院校高等数学教学存在的问题与改革策略[J].教育理论与实践，2016，36(24)：47-49.

[5]徐利治.20世纪至21世纪数学发展趋势的回顾及展望（提纲）[J].数学教育学报，2000，9(1)：1-4.

[6]徐利治.关于高等数学教育与教学改革的看法及建议[J].数学教育学报，2000，9(2)：1-2，6.

[7]王立冬，马玉梅.关于高等数学教育改革的一些思考[J].数学教育学报，2006，15(2)：100-102.

[8]张宝善.大学数学教学现状和分级教学平台构思[J].大学数学，2007，23(5)：5-7.

[9]夏慧昇.一道高考数学题的解法研究及思考[J].池州师专学报，2006，20(5)：135-136.

[10]赵文才，包云霞.基于翻转课堂教学模式的高等数学教学案例研究：格林公式及其应用[J].教育教学论坛，2017(49)：177-178.

[11]余健伟.浅谈高等数学课堂教学中的新课引入[J].新课程研究（中旬刊），2009(8)：96-97.

[12]江雪萍.高等数学有效教学设计的探究[J].首都师范大学学报（自然科学版），2017(6)：14-19.

[13]谌凤霞，陈娟.“高等数学”教学改革的研究与实践[J].数学学习与研究，2019（07）：19.

[14]王冲.“互联网+”背景下高等数学课程改革探索与实践[J].沧州师范学院学报，2019，35（01）:102-104.

[15]茹原芳，朱永婷，汪鹏.新形势下高等数学课程教学改革与实践探究[J].教育教学论坛，2019（09）：143-144.

[16]杨兵.高等数学教学中的素质培养[J].高等理科教育，2001（5）：36-39.

[17]沈文选，杨清桃.数学史话览胜[M].哈尔滨：哈尔滨工业大学出版社，2017.

[18]曲元海，宋文媛.关于数学课堂“内涵”的再思考[J].通化师范学院学报，2013（10）：71-72，78.